運は遺伝する

行動遺伝学が教える「成功法則」

橘 玲 Tachibana Akira
安藤寿康 Ando Juko

NS NHK出版新書
710

まえがき――誰も「遺伝」から逃れることはできない

どんな質問にも人間と区別のつかない返答をする生成AI（人工知能）「ChatGPT」が世界中で大きな話題になっているが、これは近年の「とてつもない」テクノロジーの進歩の一例でしかない。

分子遺伝学では、ワープロのようにゲノムを自在に挿入・削除・編集する「クリスパー・キャスナイン（CRISPR-Cas9）」が実用化されつつある。脳科学では、光に反応する物質（ロドプシン）を脳のニューロンに送り込み、神経細胞一つひとつをミリ秒単位で操作する「光遺伝学」というSFのような技術が登場した。社会・経済でも、ブロックチェーンを使って中央集権的な組織なしに貨幣を発行するだけでなく、あらゆる取引・契約の真正性を、人間の手を介さずにデジタル上で証明するスマートコントラクトが従来の制度・慣習を大きく変えようとしている。

これまでの「学問」は、物理学や化学、生物学など自然を対象とする「理系」と、経済学、法学、社会学、心理学（あるいは文学や美学）など人間と社会を対象とする「文系」に分かれ、それぞれの領域は暗黙のうちに不可侵とされていた。ところがいま、その境界が崩れ去り、自然科学が人文・社会科学を侵食し、書き換えようとしている。

ダーウィンは『種の起源』で進化論を唱えたが、その仕組みが完全に解明されたのは、ワトソンとクリックが1950年代にDNA（デオキシリボ核酸）の二重らせん構造を発見したときだ。こうして生命が、A（アデニン）、G（グアニン）、C（シトシン）、T（チミン）というたった四つの塩基で記述されるアルゴリズムであるという、驚くべき秘密が明らかにされた。

これを機に多くの生物学者が、生き物のプログラムの解明に取り組んだ。これが進化生物学で、社会性昆虫の「利他性」の解明（ダーウィンは生存と生殖の最大化を目的とする個体が利他的になることを説明できなかった）などで大きな成果をあげた。また動物行動学では、チンパンジーなどの近縁種がヒトとよく似た性向をもつことが次々と報告された。

大量の研究の蓄積を経て、やがて生物学者たちの関心が同じ生き物（動物）であるヒトに向かうのは必然だった。1975年にはアリの社会性を研究してきたエドワード・O・ウィルソンが、生態学、集団遺伝学、動物行動学などを総合する大著『社会生物学』の最終章で、ヒトもまた進化の産物である以上、文化や社会を含め、人間と社会に関わるあらゆる現象は自然科学で説明されるようになるとの展望を述べた。

だがこの当時、ナチスの優生思想がホロコースト（ユダヤ人絶滅）を引き起こしたとの反省から、遺伝を人間の領域にもちこむことはタブーとされていた。わたしたちはブランク・スレート（空白の石版）として生まれ、環境によってどのようにでも変わるというのだ。

この「環境決定論」は、第二次世界大戦後に訪れた「とてつもなくゆたかで、とてつもなく平和な社会」の高揚のなかで、「よりよい社会を目指せばみんなが幸福になれるはずだ」というリベラルの理想主義とも見事に合致していた。その結果、ヒト以外の生き物を遺伝で論じるのは許されるが、人間の能力や性格、精神疾患などにすこしでも遺伝の影響があると示唆することは、ナチスと同じ「遺伝決定論」だとして徹底的に批判され、学者としての社会的存在を抹消（キャンセル）されることになった。

ウィルソンの著作に端を発するこのキャンセル運動は「社会生物学論争」と呼ばれ、それを主導したのは日本でも人気のある古生物学者のスティーヴン・J・グールドと、集団遺伝学者のリチャード・レウォンティンだった（いずれもハーバード大学でウィルソンの同僚で、レウォンティンを大学に招聘するために尽力したのはウィルソンだった）。

1970年代から30年ちかく続いたこの論争では、当初は「社会正義」が優勢だったが、自然科学者が「ヒトも進化の産物である」ことを否定するのは困難で、90年代になると、社会生物学者や進化心理学者らから突きつけられた大量の証拠（エビデンス）に対抗できず、グールドの反論は言葉遊び（レトリック）のようなものになっていった。

日本では残念ながら、この社会生物学論争はほとんど知られておらず、その結果この国の「文系知識人」は、いまだに半世紀も前の「知能（犯罪性向、あるいは精神疾患）が遺伝するなんてありえない」という虚構の世界に安住している。

だがすでに欧米では、ポピュラーサイエンスはもちろん自己啓発書ですら、行動遺伝学や進化心理学の知見を前提とするようになり、日本でも人類史を進化の視点から語るユヴァル・ノア・ハラリの『サピエンス全史』がベストセラーになった。ひとびとはすでに虚構（きれいごと）に気づいており、遺伝の影響を無視したこれまでの学問（とりわけ発達心理学や教育社会学）は10年もすれば捨て去られ、20年後には忘れ去られているだろう。

この「知のパラダイム転換」を日本で牽引する一人が、行動遺伝学の泰斗、安藤寿康氏だ。今回、安藤氏と対談させていただく機会を得て、自然科学の視点から人間や社会をどのように理解すべきかを縦横に論じていただいた（答えにくい質問にも誠実に対応していただいた）。

ここで強調しておきたいのは、本書で紹介する行動遺伝学の知見が、現在ではヒトゲノムを解析する驚異的なテクノロジー「GWAS（ジーワス）（ゲノムワイド関連解析）」によって裏づけられていることだ。もはや誰も、この事実（ファクト）から逃れることはできない。

わたしたちにできるのは、それにどう対処するかだけだ。

橘　玲

運は遺伝する――行動遺伝学が教える「成功法則」　目次

編集協力　山路達也
校閲　髙松完子
図版作成　手塚貴子
DTP　佐藤裕久

第1章　運すら遺伝している

――ＤＮＡ革命とゲノムワイド関連解析

遺伝の影が社会全体を覆っている

橘　今回、安藤さんにあらためて行動遺伝学について伺ってみたいと思ったのは、「運は遺伝する」という話に衝撃を受けたからです。

安藤　人生のすべてに遺伝が関わっていますから、もちろん運も例外ではありません。橘さんにとって衝撃的だったのはどの部分ですか？

橘　ご著書の『「心は遺伝する」とどうして言えるのか――ふたご研究のロジックとその先へ』（創元社、２０１７年）で、ストレスを感じるようなライフイベントにどの程度、遺伝の影響があるかの研究が紹介されてますよね。病気になったり、近しい人が亡くなったり、強盗に遭うなど、一般的には運が悪かったとされる偶然の出来事と、離婚や解雇、お金の問題など、本人にも責任があると見なされる出来事を比較したところ、偶然の出来事の26%が遺伝で説明でき、本人に依存する出来事の遺伝率30%と統計的に有意な差はなかった。[★1]

最初に読んだときは、なぜそうなるのかわからなかったのですが、よく考えてみると、病気には遺伝が関わっているし、近しい人が親族なら同じ遺伝子を共有しているかもしれない。強盗に遭うのは確かに運も悪かったのでしょうが、危険な場所にいたり、目立つ行動をとったりしたのが原因だとすれば、そこにも遺伝の要素がある。

知人が交通事故に遭ったら、「運が悪かったね」と同情するでしょう。でもそれが、信号を無視して横断歩道を渡ろうとしたり、無理な追い越しをしようとして起きたのなら、たんなる偶然とはいえない。そう考えれば、私たちの人生のすべてを遺伝の長い影が覆っていて、そこから逃れることはできないのではないでしょうか。

安藤　そのとおりです。それは自分自身の行動や選択だけでなく、まわりの環境や人物を選ぶときにも遺伝的要因が関わっているからです。私たちは、自分の遺伝的特徴に合わせて周囲の環境を構築します。あるいは、家族や友人、周囲の人たちが相手の遺伝的特徴に合わせた対応をしていることもあります。それが一人ひとり異なる「遺伝的な環境」になります。行動遺伝学では「環境のなかの遺伝」という言い方をすることもありますね。「遺伝と環境の能動的相関」とか「誘導的相関」という言い方もします。

橘　環境にも遺伝の影響があるというのは、直感的には受け入れがたいのですが、言われてみれば確かにそうですね。だとすれば、個人の人生だけでなく、社会全体に遺伝の長い影が伸びているということになりませんか。

安藤　そうなります。もちろんすべての環境が遺伝で決まるわけではありませんし、遺伝で説明できない本当の意味での「運」というものもあります。だから遺伝率の値(あたい)が100%からは程遠い30%ぐらいになっているわけです。しかし、ゼロではない。それどころか

30％でも十分に大きな値といえます。行動遺伝学は、半世紀以上かけて、遺伝が一般の人が思っているよりはるかに大きな影響を、個人の人生や、それが互いに関わりあってつくり上げられる文化・社会に及ぼしていることを明らかにしてきました。ひいては人類の歴史形成、いわゆる文化進化にも何らかの影響を与えている可能性が考えられます。

橘　私たち一人ひとりの人生だけでなく、社会や文化、さらには人類の歴史にまで遺伝は関わっている。進化というのは、突き詰めて言えば、遺伝子の組み合わせが変化しつつ継承されることですからね。その謎を追求してきた行動遺伝学がいま、ゲノム解析や遺伝子編集などの驚異的なテクノロジーによって、新しいステージに移ろうとしている。それがどれほどのインパクトを個人の人生や社会に与えるのか、お聞きしていきたいと思います。

遺伝子関連テクノロジーの躍進

橘　近年の遺伝関連のテクノロジーとしては、ワープロのように遺伝子の配列を挿入・削除・編集できる「クリスパー・キャスナイン」が真っ先に思い浮かびますが、その前段階として、DNAのすべての遺伝情報を調べる「ゲノムワイド関連解析（GWAS（ジーワス）：genome-wide association study）」が安価に利用できるようになったことがありますよね。

安藤　そう、このあたりのテクノロジーの進歩には目を見張るものがあります。ワトソンとクリックがＤＮＡの分子構造を明らかにしたのが１９５３年でした。ＤＮＡのうち、タンパク質を合成する情報をもつ部分が遺伝子（Gene）で、遺伝子以外の部分を含むＤＮＡのすべての文字列（塩基の並び方）、つまり一個体をつくり上げるあらゆる遺伝情報の総体をゲノム（Genome）と呼びます。

ヒトのゲノムの全解析を目指した「ヒューマン・ゲノム・プロジェクト（ヒトゲノム計画）」が始まったのが１９９０年で、30億ドルの予算が組まれ、10年の歳月が必要だったことを考えれば、驚くべきことです。いまでは１週間程度の期間と、わずかな金額で、自分のゲノムがすべて解析できるのですから。この流れはとどまるところを知りません。ついこの前まで、遺伝子やＤＮＡは生物の教科書に出てくる話か特別な病気の話、せいぜい遺伝子組み換え食品の安全性みたいな話どまりでしたからね。

橘　安藤さんも近著『能力はどのように遺伝するのか——「生まれつき」と「努力」のあいだ』（ブルーバックス、２０２３年）で、ゲノム解析によって、これまで集団レベルで描いてきた行動遺伝学の発見が、具体的な遺伝子や塩基配列のレベルからも再確認されるようになったと書かれています。[★2] そこでまずは、試しに自分の遺伝子検査をやってみました。もっとも有名なのは、Google共同創業者セルゲイ・ブリンの妻であるアン・ウーチンスキらが設立した「23andMe」ですが、残念ながら日本居住者には対応していないということで、今回は「GeneLife（ジーンライフ）」という国内の企業を利用しました。[*3] 遺伝子検査というと、病気に関連する遺伝子を調べるのが目的と思われていますが、いまでは性格（パーソナリティ）もわかるんですね。費用は1万円ちょっとでした。

安藤　はは。僕もずいぶん前にアメリカで遺伝子の研究をしている知人に頼んで、「23andMe」に自分の唾液を送って調べてもらいました。その頃は性格診断の項目なんかなかったはずですが、橘さんは性格診断をやってみたんですね。結果はどうでした？

橘　性格の自己診断と遺伝子診断が重ねて表示されるんですが、こんな感じでした（図1）。これはいわゆる性格の「ビッグファイブ」のことですよね（第4章で詳述）。

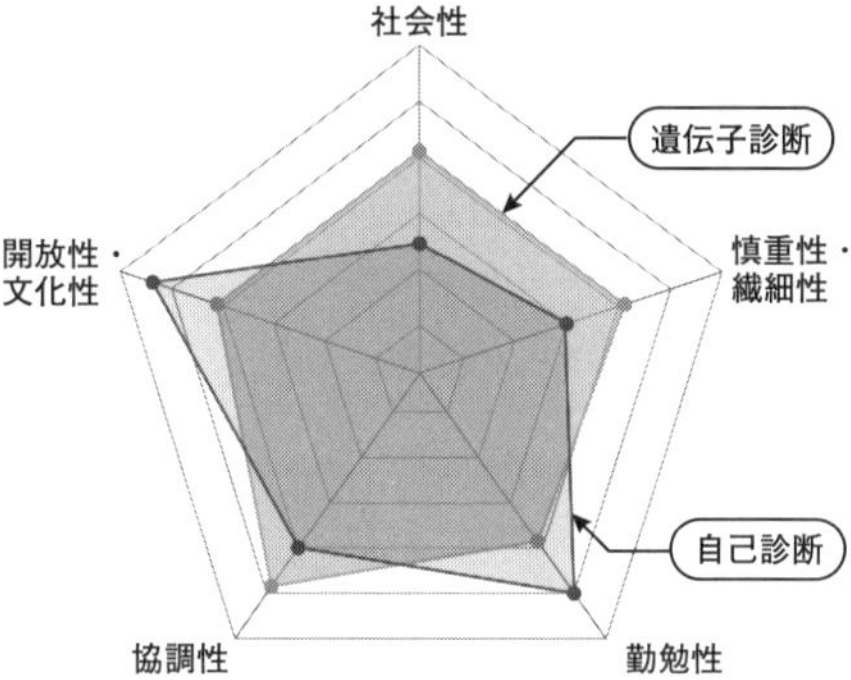

図1　性格の自己診断と遺伝子診断の結果比較（橘玲）

安藤　ビッグファイブは、いまの心理学界では性格を記述する一つのスタンダードになってますからね。一般には「外向性」「神経症傾向」「協調性」「堅実性」「経験への開放性」とされますが、この図だと外向性が「社会性」、神経症傾向が「慎重性・繊細性」、堅実性が「勤勉性」、経験への開放性が「開放性・文化性」になっているようですね。

橘　興味深いのは、質問に答える「自己診断」と、遺伝子による性格診断がかなり違っていることです。自己診断では社会性がかなり低く、慎重性・繊細性と協調性があまりなく、勤勉性と開放性・文化性がかなり高い。それに対して遺伝子ベースだと、わりとバランスが取れた性格に見えます。

安藤　へぇ、面白いですね。それで、橘さんとしては、どちらの分析に説得力を感じるんですか？

橘　それは当然、自己分析ですよね。自分で、自分はこういうキャラだと思っているわけですから。ただ、社会性が低いのはコロナの影響もあるのかなと思います。3年以上、ほぼ自宅と仕事場を徒歩で往復する生活で、家族以外とはほとんど会わず、打ち合わせやインタビューもリモートになりましたが、それでまったくストレスを感じなかったので、自分の内向的な部分をより強く意識したというのはあると思います。

関連する遺伝子
FKBP5（イムノフィリンと呼ばれるタンパク質を産生）
ND5（ミトコンドリアのNADH脱水酵素の1種を産生）
SLC6A2（ノルエピネフリンの再利用に関与）
FYN（脳神経の増殖と形成に影響を与える）
GPX1（過酸化水素を除去する酵素を産生）
ADRB1（アドレナリン受容体に関与）
TPH2（セロトニンの生合成に関与）
CLOCK（概日リズムの制御に関与）
CLOCK（概日リズムの制御に関与）
NPSR1（ペプチドSの受容に関与）
ADRA2A（アドレナリン受容体に関与）
FYN（脳神経の増殖と形成に影響を与える）
CNR1（カンナビノイドの受容体に関与）
CNR1（カンナビノイドの受容体に関与）
SEC16B（小胞体輸送に関与するタンパク質を産生）
CDKL1（BMIが高い傾向）
KLF9（プロモーター上野GC Boxに結合する転写遺伝子を産生）
BDNF（脳由来神経栄養因子を産生）
FTO（体格や肥満リスクに強い関連をもつ）
MC4R（メラノコルチン受容体に関与）
GIPR（インスリンの分泌に関与）
KIBRA（リン酸化タンパク質の1種を産生）
SLC6A2（ノルエピネフリンの再利用に関与）
COMT（ドーパミンやアドレナリンを分解する酵素を産生）
TH（アミノ酸の1種チロシンをドーパミンに変化させる）
TH（アミノ酸の1種チロシンをドーパミンに変化させる）
KIBRA（リン酸化タンパク質の1種を産生）
DTNBP1（細胞内小器官の形成に関与する遺伝子）
ANKK1（ドーパミン受容体を産生）
CNB3（G塩基結合タンパク質を産生）

表1　橘玲の遺伝子検査結果

特性	判定結果
協調性	あなたは、チームワークが得意なタイプ
外向性	あなたは、外向的なリア充タイプ
不確実なことへの恐れ	あなたは、あがり症で人見知りタイプ
開放性	あなたは、新し物好きのアイデアマン
報酬依存性	あなたは、沈着冷静なマイペースタイプ
夜型	あなたは、ついつい夜更かし、夜型タイプ
落ち込みやすさ	あなたのメンタルはガラスのハート
センチメンタリティ	あなたは、情緒豊かで感傷的なタイプ
恐怖への反応度	あなたは、リアクションは短めなタイプ
幸福感	あなたは、幸せを感じやすいタイプ
肥満	あなたは、肥満体型になりにくいタイプ
注意力・集中力	あなたは、注意力・集中力が高いタイプ
怒りの表情の認識力	あなたは、他人の怒りの感情に敏感
嫌悪の表情の認識力	あなたは、他人の嫌悪の表情に敏感
記憶力	あなたは、記憶能力が高い傾向
外見的な魅力を求める傾向	あなたは、どちらかといえば面食いなタイプ
ED	あなたは、なりにくい傾向

私の遺伝子診断を前ページの表1にまとめましたが、「外向的なリア充タイプ」とか、「チームワークが得意なタイプ」というのは、ちょっと違うかなと思います。その一方で、「あがり症で人見知りタイプ」や「沈着冷静なマイペースタイプ」のような、納得できるものもあります。夜型というのは間違いありません。

「あなたのメンタルはガラスのハート」や「情緒豊かで感傷的なタイプ」という診断もあって、何人かの知り合いに見せたのですが、「そんなわけないでしょ」というのと、「やっぱりそうだったのか」という意見に分かれました(笑)。「どちらかといえば面食いなタイプ」というのは、ノーコメントにしておきます。

遺伝子一つでどこまでわかるか

安藤　大昔に観た「黒い絨毯（じゅうたん）」という古いサスペンス映画のなかで、主演チャールトン・ヘストンの「人間には三つの自分がある。一つは自分の思う自分、二つ目は他人が見た自分、そして三つ目は本当の自分だ」というセリフがすごく印象的でよく覚えているんですが、果たして遺伝子診断は「本当の自分」を明らかにしてくれたでしょうか(笑)。この遺伝子検査はどうやら「モノジェニック」なモデルでやっているようですから、なかなか厳しいかもしれませんが。

橘　モノジェニックというのは、単一の遺伝的な変異を調べていくことですね。それがなぜ、精度が低いんでしょうか？

安藤　私たちは、両親から30億塩基対のＤＮＡをそれぞれ片方ずつ受け継いで、それが二つ対になって組み合わされたものの全体がゲノムです。私たちヒトは99・9％のゲノムを共有していますが、０・１％の文字（塩基）に違いがある。これを「一塩基多型」（ＳＮＰ（スニップ））といいます。この多様性によって遺伝子がつくりだすタンパク質の種類や量、発現のタイミングなどが変わってきます。いまはマイクロアレイという装置を使うことで、そのＳＮＰのパターンを何百万か所の塩基について、個人単位で特定することができます。ですから遺伝子診断も単一の変異ではなく、そのような大量の塩基の変異全体で見ていく方法が登場しているんです。

人類はアフリカで誕生しましたから、アフリカ起源で多くの人がもっている遺伝子タイプが、いわば「野生型」ということになります。その後、環境に合わせて遺伝子が変わっていったものが「変異型」です。われわれ人類は文化的環境に対して家畜化された生物種で、多様な変異型があるため、単一の変異だけ見るのでは限界があるということです。

橘　環境による遺伝子の変異としては、熱帯に多い鎌状（かまじょう）赤血球症がよく知られていますよね。変異型の遺伝子を二つもっていると重度の貧血になるので、なぜこのような変異が起きたのかわからなかったのですが、その後、野生型と変異型を一つずつもっていると、赤血球が鎌状（三日月型）になるものの、貧血を起こさないことがわかった。このタイプの赤血球はマラリアに感染しにくいので、マラリア原虫をもつ蚊が多い地域では、一定のリスクを負ってでも、遺伝的変異が広まったほうが子どもが生き延びる確率が全体として高くなる。これは進化の仕組みできれいに説明できますが、こうした例はそれほど多くないということですか。

安藤　鎌状赤血球の例は、一見不適応な変異が集団内で生き延びる事例として教科書によく取り上げられるものですね。親から子へと受け継がれる遺伝子には、「顕性遺伝」と「潜性遺伝」があります。これは以前、優性遺伝、劣性遺伝といわれていたのですが、現在はより価値中立的な「顕性」「潜性」という表現が使われるようになりました。鎌状赤血球症の場合は潜性遺伝で、変異型の遺伝子のホモ（父親と母親の両方から同じ型の遺伝子を受け継ぎ、二つ揃った状態）でなければ発症せず、ヘテロ（異なる型の遺伝子を対でもつ状態）ではむしろ適応的なので、一見不適応な遺伝子も生き延びているわけです。ちなみにハンチントン病は顕性遺伝で、変異型の遺伝子が一つでも発症してしまうけれど、大人にならないと発症しないので、その前に子どもを産んでしまうことで遺伝子が生き延びている例です。

単一の遺伝子で説明できるモノジェニックな遺伝疾患では、このように遺伝子の変異と病気との因果関係がはっきりわかっていますが、がんのような病気は多くの遺伝子が関わる「ポリジェニック」(ポリジーン、すなわち「ポリ＝多数」＋「ジーン＝遺伝子」の形容詞形)な疾患です。しかも、基本的に病気以外の現象では、もともと中立的な変異もあります。加えて環境要因、とくにヒトの場合は文化的な環境も関わってきます。仮に交通事故に遭う確率を高める遺伝的変異があっても、そもそも自動車のない文化環境では不適応な変異とはいえない。ですから、関連する遺伝子の一つになんらかの変異があったからといって、それで現象が説明できるわけではありません。

性格は明らかにポリジェニックな産物で、数千あるいはそれ以上の遺伝子が関わっているでしょうから、一つひとつの遺伝的変異の効果量はごくわずかです。それがなんらかの影響を与えている可能性もあるし、他の遺伝子の効果によって消えてしまっている場合もある。

橘　自分がどの遺伝的変異をもっているかを知られるのは、裸(はだか)にされるみたいでちょっとイヤかなと思っていたのですが、このお話を聞いて、「だったら別にいいや」と思いました(笑)。ただ、モノジェニックな診断でも役に立つことはありますよね。例えば、私が「下戸(げこ)遺伝子」と呼んでいるものとか。

安藤　アルコールをアセトアルデヒドに分解する遺伝子ＡＤＨ１Ｂ（アルコール脱水素酵素）と、有毒のアセトアルデヒドを無害な酢酸に分解する遺伝子ＡＬＤＨ２（アルデヒド脱水素酵素）の多型（変異型）ですね。多型はアセトアルデヒドを分解できません。

橘　はい。「下戸遺伝子」であるＡＬＤＨ２の変異型は中国南部、いまの上海あたりの長江下流が起源で、興味深いことに、国別では日本人の変異型保有率がもっとも高いとされています。これは、「弥生人」と呼ばれるようになる日本人の祖先が、中国南部から山東半島を経て朝鮮半島に渡り、半島を南下して対馬（つしま）海峡を越え、北九州に移住したからでしょう。関西に変異型が多く、南九州や東北に少ないというのも、弥生人と縄文人の勢力図を示していて面白いです。アルコール度数の低い日本酒文化と、度数の強い焼酎文化の違いにも遺伝的な背景があるのでしょう。

ＡＤＨ１ＢとＡＬＤＨ２のどちらも変異型を二つもっていると、アルコールを急速にアセトアルデヒドに分解しますが、そのときに出る毒素を処理できないので、ちょっと飲んだだけで顔が真っ赤になり、頭が痛くなったり、気持ち悪くなったりします。

居酒屋で「飲み放題」が成立するのは、日本には下戸遺伝子の保有者が一定数いるからですね。この変異型はヨーロッパやアフリカにはほとんどないので、日本に来た外国人は「飲み放題」にびっくりします（笑）。欧米で同じことをやったら、たちまち飲み倒されてお店がつぶれてしまうでしょう。

安藤　急性アルコール中毒というのは、アセトアルデヒドを分解できない変異型の保有者に特有の症状ですね。それに対して野生型では、アルコール依存症になるリスクがある。

橘　まさにトレードオフですね。アルコールを受けつけない下戸は社交で苦労することもあるけれど、依存症になることはありませんから。なぜこのような変異型が広まったかは定説がなく、赤痢(せきり)などの感染症への耐性があるともいわれていますが、私は、酒乱の男が女性から嫌われて、子孫を残せないという性淘汰が起きたのではないかと考えています(笑)。

いまだに一気飲みで若者が死亡する悲劇が後を絶ちませんが、子どもの遺伝子を調べて、ALDH2の変異型が二つあった場合は、「あなたはお酒が飲めない体質」とあらかじめ伝えておくのは有用ですね。私の場合、野生型が一つと変異型が一つの組み合わせで、お酒は好きだけど強くないタイプでした。依存症のリスクは低そうです。

安藤　僕もたぶん同じ遺伝子型でしょう。ただ「飲めなくはないけど強くもないから好きになれないタイプ」と認識しています。

牛乳でお腹を壊してしまう乳糖不耐性の場合は逆に、牛乳などに含まれる糖質である乳糖をグルコースとガラクトースに分解できないのが野生型です。乳糖を分解できるのはもともと乳児期だけだったのですが、牧畜が始まると、成長してからも乳糖を分解できる変異型が広まって、家畜の乳から栄養を取れるようになった。文化によって遺伝子が変わっていく例としてよく挙げられます。

橘　牧畜文化のヨーロッパで牛乳がよく飲まれたり、フレッシュ（非熟成）のチーズが好まれるのは乳糖を分解する遺伝的変異をもっているからですね。それに対して米作文化の東アジアでは、乳糖を分解できない人がかなりいて、牛乳を飲むとお腹がごろごろしたり、下痢や腹部の痙攣（けいれん）を起こすこともある。

戦後の日本ではアメリカの食習慣を無批判に取り入れた結果、牛乳を残す子どもに教師が無理やり飲ませる「教育虐待」が行なわれてきました。これは、アルコールを分解できないのに一気飲みさせるのと同じで、ほんとうにヒドい話です。

いまではかなり改善されたと思いますが、これも、子どもが乳糖不耐性かどうかをあらかじめ調べておいて、「この子は遺伝的に牛乳が飲めません」と学校に伝えておけばいいと思います。

遺伝子の変異と性格

橘　性格はポリジェニックなもので、一つひとつの遺伝子の効果量は大きくないというお話ですが、なかには影響力の大きな変異もあるのではないですか。脳内の神経伝達物質であるセロトニンの濃度に関係するセロトニントランスポーター遺伝子のL型とS型が有名ですよね。

安藤　セロトニンの輸送体（5-HTT）遺伝子のなかに5-HTTLPR（5-HTT遺伝子関連多型領域）と呼ばれる調整領域があり、その繰り返し回数が多いと（長い）L型に、少ないと（短い）S型になる。それによって脳内のセロトニン量が変わり、L型だとセロトニン濃度が高く楽観的になり、S型だとセロトニンが不足して神経質になるといわれてますね。この場合、進化的にはL型が野生型、S型が変異型です。

橘　いわゆる「サニーブレイン（楽観脳）／レイニーブレイン（悲観脳）」説ですよね。L型だと多くのセロトニンを運べるが、S型だと輸送量が落ちて脳内のセロトニン濃度が下がり、抑うつ的で神経質になるといわれています。

セロトニントランスポーター遺伝子のタイプにも地域差があって、アフリカに野生型が多く、ヨーロッパにはS型のタイプが一定数いて、ユーラシア大陸を東に行くほど変異型のS型が増えていく。東アジア、とりわけ日本はS型の保有割合が世界でもっとも高いとされています。これが日本人が几帳面で神経質な遺伝的背景だというのは、説得力があると思えますが。

安藤　集団内の個人差レベルでは、セロトニントランスポーター遺伝子多型の違いが、神経質さと関連するという結果が出ていて、これはメタ分析にもかろうじて耐えられているようです。ただし、その効果量はせいぜい1％から2％程度しかありません。

ヒト集団間で5-HTTLPRの分布率が違うという論文も発表されています。しかし、社会科学で扱う行動的な形質について、5-HTTLPRの分布の違いが影響していることを示す結果は出ていません。やはりこうした遺伝子一つで文化差を説明しつくすのは無謀でしょう。

橘　イギリスの心理学者エレーヌ・フォックスは、L型はどんな環境でも繁殖できるタンポポ、S型は環境が合わないとすぐに枯れてしまうが、よい環境では大輪の花を咲かせるランだといってますね。[★4] 私の場合、5-HTTLPRはL型とS型の組み合わせで、欧米人ほど楽観的ではないけれど、日本人のなかではさほど悲観的なほうではないとすると、自分の性格をうまく説明できると思ったのですが……。

セロトニントランスポーター遺伝子以外では、ドーパミン受容体に関わるDRD4遺伝子の多型とか、前頭前野内のドーパミン分解酵素であるCOMT多型がよく知られています。

安藤　DRD4遺伝子には、繰り返し回数の短い4Rに対して、繰り返し回数の多い7Rの多型があって、このタイプは「新奇性（新しい体験）」を好むようになるから、「冒険家の遺伝子」だという説ですね。

橘　DRD4-7Rはアメリカ人に多く、冒険心に富んでいる。その一方で、繰り返し回数の短いDRD4-4Rは日本人に多い。だから日本人は起業やイノベーションに向かず、誰かの物まねしかできない、などといわれています。私は7Rと4Rの組み合わせで、「冒険的」とはいえないものの、海外旅行など新しい体験を求めるところは合っているかなと思いました。

安藤　「冒険家の遺伝子」は一時、話題になりましたが、この説を支持する追試（検証）はできていないですね。

橘　双極性障害（躁うつ病）の発症率は、世界全体では人口のおよそ2・4%ですが、アメリカ人の有病率は4・4%で世界でもっとも高く、逆に日本人の双極性障害の有病率は0・7%と世界でもきわめて低いというデータがあります。[★5] 双極性障害にはドーパミンが関わっているとされていて、アメリカが「軽躁（けいそう）文化」で、日本が「抑うつ文化」であることの生物学的な背景だと考えると、国民性の違いがうまく説明できるように思えますが。

安藤　国民性の背後に生物学的な要因があることは否定しませんが、ドーパミンの多様な影響を一つの遺伝子の多型だけで説明することは無理があると思います。

橘　COMTの多型はどうですか？

安藤　COMTは情動に関する遺伝子だとされています。Val型とMet型の多型があり、

Val/Val型だと損害回避の傾向や不確実なことへの恐れが強く、Met/Met型だと情動の制御が困難になり、短期的な利益を追求するようになるといわれています。
橘　私のCOMTの組み合わせはMet/Met型で、長期的な利益よりも短期的な結果を優先するタイプでした。ただ、年をとったからか、最近は短期的なことにはあまり関心がありません。若い頃を思い返すと、目先の損得に振り回されていたような気もしますが。
安藤　若いときに短絡的・活動的なのは、誰でも同じですよね（笑）。COMTは一時期、ADHD（注意欠如・多動症）との関連がさかんに研究されましたが、これも追試できていません。

遺伝子検査は革命的なフェーズに入った

橘　性格に関わる代表的な遺伝子多型の効果量が再現できないほど小さいとすると、それ以外のモノジェニックな変異も推して知るべしですね。
安藤　そうですね。でも注意していただきたいのは、追試できていないとか再現性がないからといって、まったくのインチキな研究結果とはいえないということです。サンプルの母集団によって遺伝子の効果量は違いますし、効果量がとても小さいので検出できないということもあります。

例えば血液型と性格との関係は、まともな心理学者なら一応は科学的にナンセンスといいますし、僕も「血液型人間学」なんて無意味だと思っています。しかしABO式血液型の遺伝子の変異が性格と関連するというしっかりとした科学的研究はあります。効果量がほかのモノジェニックな変異同様に小さくて、結果が不安定なだけかもしれません。

橘　なるほど、血液型占いにも遺伝子性格診断と同程度の生物学的な根拠があるんですね。ただ、効果量が比較的大きな遺伝子に変異があると、似たような効果の遺伝子が集まっている可能性は考えられませんか？

安藤　遺伝子配列も完全にランダムに決まるわけではなく、ある遺伝子があると、その近くに関連する別の遺伝子が並ぶ確率が高くなるのは確かです。ただし、それによってどこまで効果量が大きくなるのかはまだ検証できていません。ポリジーン（多数の遺伝子が関与する遺伝様式）の研究は、ほんとうに始まったばかりなので。

橘　今後、多くの知見が集まってくることで予測率は上がっていくということですね。

安藤　はい。おそらくある程度のところまではそうだと思います。僕は2016年の『日本人の9割が知らない遺伝の真実』（SB新書）で、遺伝子検査ビジネスについて「現段階においては『科学的な装いの占い』くらいに捉えておくのが無難」と書いています。しかし、実際に自分がNPOの遺伝子検査サービスに倫理委員として参加し、疾患の専門家と意見交換してみて、印象が変わりました。

「Green Chord（グリーンコード）」というこのサービスは、人生に関わる重大な疾患が対象で、なおかつ介入が可能なものに限るという、かなり保守的な方針を採っています。[★6] どの病気にどの遺伝子が関わるか、専門家がディスカッションを重ねて検討を行なっています。

最近増えてきた遺伝子検査ビジネスのスタートアップにしても、ちゃんとした研究組織が背景にあるところなら、それ自体はインチキではないでしょう。現在わかっている遺伝子については効果量が低いというだけの話で、その精度はいずれ上がっていくはずです。いまはその過渡期で、革命的なフェーズに入ってきていると感じます。

モノジェニックからポリジェニックへ

橘　革命的なフェーズというのは、「モノジェニックからポリジェニックへ」ということですね。これが本書のテーマになると思いますが、残念ながら日本ではまだほとんど話題になっていません。

英語圏では2019年に、これまで行動遺伝学を牽引してきたロバート・プロミンが“*Blueprint: How DNA Makes Us Who We Are*（『ブループリント——DNAはどのようにして、私たちが何者であるかをつくりあげるのか』）*を出版し、ゲノムワイド関連解析（GWAS）によって遺伝子レベルで行動遺伝学の知見が証明されたと〝勝利宣言〟しました。[★7]

次いで2021年に、行動遺伝学のもう一人の大立者エリック・タークハイマーの研究室にいたキャスリン・ペイジ・ハーデンの〝*The Genetic Lottery: Why DNA Matters for Social Equality*（邦訳は『遺伝と平等——人生の成り行きは変えられる』新潮社、2023年）〟が出て、こちらもかなり話題になりました。[★8]

いずれの本も、GWASによって推定された多数の遺伝子の効果量ポリジェニックスコア（PGS）がとてつもない影響力をもつことを論じています。プロミンはこれを、社会を根底から変える「DNA革命」と呼んでいます。

安藤　プロミンは行動遺伝学のまさに泰斗で、1970年代にコロラドで大規模な養子研究を始めて注目を集めました。2000年になって奥さんのジュディ・ダン（この方も有名な発達心理学者です）とロンドンに移ってからは7000組を超す幼少期の双生児の縦断研究TEDS（Twins Early Development Study）を立ち上げ、現在まで数多くの重要な研究を発表しつづけています。知能に関するGWAS研究の先鞭をつけたのも彼です。彼のトークはいつも明快で説得力に富み、巨額の研究費を取るのも得意です。僕は2013年に、彼のいるユニバーシティ・カレッジ・ロンドンのオフィスに半年間、居候させてもらい、研究の様子を垣間見させてもらいました。
　タークハイマーはプロミンより一世代若い、僕と同世代の行動遺伝学者で、たぶんこの世代ではいちばん冴えた行動遺伝学者でしょう。後述する「行動遺伝学の3原則」を唱えたのも彼ですし、この領域全体を俯瞰する示唆に富む論文をたくさん発表しています。

橘　どちらの本もGWASによるポリジェニックスコアが遺伝学のゲームチェンジャーだと述べているわけですが、その威力に驚かされるのは、ハーデンの本に出てくる図2です。左側が世帯収入と大学の卒業率の関係で、貧しい家の子どもは20%以下しか大学を出ていないのに、豊かな家の子どもは60%以上が大学を卒業しています。これは、親の経済格差が子どもの教育格差を生むとして、日本でもよく知られています。
　右側は、ポリジェニックスコアを使って、将来、その子どもが大学を卒業するかどうか

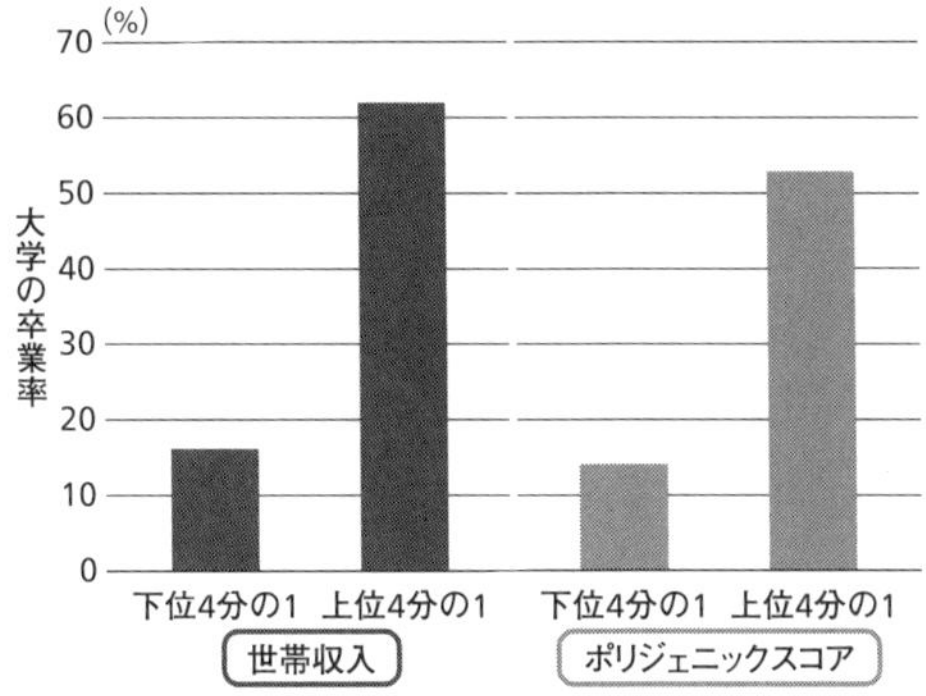

図2　アメリカにおける教育格差（*“The Genetic Lottery”*をもとに作成）

を予測した結果です。もっとも高いスコアを得た子どもは、もっとも低い子どもの4倍の割合で大学を出ている。これは、親の経済格差による予測とほぼ同じです。

この結果が衝撃的なのは、ポリジェニックスコアは遺伝子を調べただけで、環境などそれ以外の要因をいっさい考慮していないことです。それにもかかわらず、親の収入と同程度の予測力がある。

極端な話、受精卵をゲノム解析した時点で、これから生まれてくる子どもが大学を卒業できる可能性が高いのか、低いのかがわかってしまう。そして現代の知識社会では、これは社会的・経済的成功に直結します。

プロミンが指摘しているように、行動遺伝学は相関関係と因果関係を混同することがない。遺伝と表現型（観察できる特徴）に相関関係があった場合、遺伝が原因で表現型が結果であり、その逆はあり得ないからです。

しかしそうなると、経済格差による子どもの学歴の違いは、じつは遺伝的な違いということになってしまう。これがもう一つの衝撃で、「賢い親は経済的に成功すると同時に、賢い子どもをもつ」というのは、みんななんとなく思っていましたが、それが遺伝子解析によって証明されてしまった。

安藤　僕もこの結果には衝撃を受けました。なにしろそれまではふたご研究で遺伝率何パーセントという話しかできなかったのが、個人レベルで算出されるポリジェニックスコアでこれだけの説明力を示せるようになったわけですからね。それまでは、もっとも予測率が高いとされる身長でも15%、BMI（体重を身長の二乗で割った肥満度の指数）で6%でした。ところが、この遺伝による教育年数の説明率はなんと16%です。これはまさに「革命」です。

遺伝情報から見えてくる未来

安藤　ハーデンはこの教育年数ポリジェニックスコアで、高校入学時点でどこまで数学の上級コースに上がれるか、どのレベルの高等教育に進んでいけるかをトレースできることも示しています。これはGWASデータから未来すら予測できることを意味します。

橘　私たちはとうとう将来を映す水晶玉を手に入れたということですね。ところで、GWASのデータからどのように未来を予測するんですか。

安藤　先に触れたSNPは一塩基多型のことで、DNAを構成する約30億の塩基対（A：アデニン、T：チミン、G：グアニン、C：シトシンの組み合わせ）のなかで、一つの塩基だけが別の塩基に置き換わっているものをいいます。SNPは30億の塩基対のなかに約1000万か所、遺伝子領域に約100万か所あるとされていますが、それがどのような機能をもっているのかはほとんど解明できていません。それでも、膨大なSNPのビッグデータを比較すると、どういう遺伝子配列ならどのような表現型になるのかが少しずつ見えてきています。

橘　表現型というのは、身長や体重、外見などの身体的なことだけでなく、性格（パーソナリティ）や認知能力（知能）から身体的・精神的な疾患にいたるまで、人生に影響を与えるありとあらゆることを含むわけですよね。SNPの働きがブラックボックスでも、その変異と表現型を紐づけるビッグデータさえあれば、それをAI（人工知能）による深層学習で解析できる。

ポリジェニックスコアによる教育年数の説明率が高いのは、学歴≒知能の遺伝率が高いのはもちろんですが、データが取りやすいということもありますよね。今後、さらに多くのデータを利用できるようになれば、結婚できるかどうかとか、刑務所に入る確率とか、あるいは何歳頃に死ぬかとか、さまざまな人生のイベントについて知ることができる。身体的・精神的な病気のリスクも、現在よりはるかに高い精度で予測できるでしょう。

だからこそプロミンは、ポリジェニックスコアが「ブループリント（設計図）」だと宣言した。これはさすがにあちこちから批判されて、「ブループリントは設計図ではなく写真の青焼きのことだ」と言い訳してますが、さすがに苦しいですね（笑）。

安藤　イギリスのUKバンクには50万人のボランティアの遺伝情報や学歴といったデータが登録されていて、プロミンらはこれによって知能や健康に関する遺伝率を算出しています。以前はゲノム解析によって説明できる遺伝率がせいぜい数パーセントだったため、僕もそれほど注目していなかったのですが、GWASのデータを使うと知能の遺伝率60%のうち12〜16%くらいの部分を説明できるようになりました。すでにわかっている遺伝子変異の影響を足し合わせただけで、十数パーセントも個人的差異を説明できるようになったのはすごいことです。

もちろんこれはあくまで「すでにわかっている」過去のデータからいえることにすぎず、「未来」ではないという批判はそのとおりです。もしいまとまったく違った入試制度や学校制度、価値観の下で教育がなされれば、結果も違ってくるでしょう。しかしそうなったらそうなったで、その制度の下で新たに同じようなデータを取れば、やはり新しいポリジェニックスコアの方程式ができて、同じことがいえるようになるはずです。何しろタークハイマーの「行動遺伝学の第一原則」がいうように、あらゆる行動は遺伝的ですから。

すべての人が考えなければならない

橘　プロミンの“*Blueprint*”では、ポリジェニックスコアによる統合失調症の予測率は

7％で、リスクスコアの上位10％は、下位10％に比べて発症率が15倍になるとされています。双極性障害の予測率は3％、うつ病は1％、アルツハイマー型認知症は5％程度ですが、これはサンプル数が少ないからで、今後、データが集まるにつれてどんどん上がっていく。

学業成績の予測については、ポリジェニックスコアで下位10％の生徒は32％しか大学に入っていないのに、上位10％の生徒の70％が大学に進学したというデータも紹介されていました。

これを受けてプロミンは、「子どもの発達にもっとも大きな影響を与えるシステム的な力はポリジェニックスコアだ」というのが、この本（"*Blueprint*"）のメインメッセージだと述べています。多くの子どもたちが、遺伝子解析によって自分のブループリント（設計図）を知ったらどうなるのか、考えてしまいます。

安藤　いますぐそのような社会が到来するとは思いませんが、プロミンよりもリベラルなハーデンも『遺伝と平等』で、ポリジェニックスコアが人生を予測する時代に備えなければならないと警告しています。

橘　東京都が卵子凍結する女性に一人あたり30万円程度の助成金を出すと報じられました。少子化対策の一環だということですが、複数の受精卵をつくれば、当然、そのなかでもっともポリジェニックスコアの高いものを子宮に着床させたいと思いますよね。

日本の社会はこれまで、遺伝について見て見ぬふりをしてきたと思うんですが、すでにこのような未来がすぐそこまで来ている。変化が起きてから騒いだのでは、まったく間に合わないのではないでしょうか。

安藤　そのとおりです。ポリジェニックスコアは民族によって、それを算出する方程式は違ってきます。西欧白人集団でこれだけの効果量をはじき出すポリジェニックスコアの方程式も、それを黒人に当てはめると予測力は3分の2程度に減ってしまいます。日本人には日本人の膨大なサンプルが必要です。逆にサンプルとデータさえ取れれば、いってみればどんな形質についてもポリジェニックスコアを算出することができます。

これはもう理屈ではなく技術的な問題、あるいはやるかやらないか、つまり政治的判断とそれをつくり出す社会の価値観、倫理観の問題でしょう。そういっているうちに、すでに国ごとに遺伝情報格差が生まれているのも事実です。これは遺伝に関わる研究をしている者だけでなく、すべての人たちが真剣に考えなければならない重い問いだと思います。

第2章　知能はいかに遺伝するのか

保守とリベラルの逆転現象

橘　遺伝子テクノロジーは急速に進歩し、現在では遺伝子を自在に編集するだけでなく、受精卵のポリジェニックスコアから生まれてくる子どもの運命まで予測できるようになりつつあります。それにもかかわらず日本には、「能力が遺伝で決まるなんて優生思想だ」と拒絶する人がまだたくさんいる。

イーロン・マスクやジェフ・ベゾス、あるいはビル・ゲイツやスティーヴ・ジョブズもそうですが、シリコンバレーの成功者たちは身分や国籍、家系や親の七光りに関係なく、実力だけで事業を立ち上げ、数兆円、あるいは数十兆円の個人資産という、人類史上もっとも大きな富を手にしました。彼ら（富豪ランキングはほぼ全員が男）を成功に導いたものに生得的な要素、すなわち遺伝が関わっていることはもはや否定できません。

日本のリベラルには想像もできないでしょうが、いまでは欧米のリベラル（左派（レフト））は、「遺伝ガチャにたまたま当たっただけでとてつもない金持ちになるのは不公平だ。超富裕層に課税して、その富を（遺伝ガチャに外れた）貧しい人たちに分配すべきだ」として、「運の平等主義」という「遺伝決定論」を主張しています。それに対して保守派は、遺伝よりも本人の努力を重視しているのだから、ある意味、保守とリベラルの逆転現象が起きている。

安藤　以前に比べれば日本でも遺伝やＤＮＡが話題に上ることはずいぶん増えましたが、行動遺伝学に対する理解度はまだまだ低いと思います。日本的なリベラルにしても保守派にしても、おそらくは行動遺伝学に基づかない素朴遺伝観の域を出ないで議論がなされているのではないでしょうか。

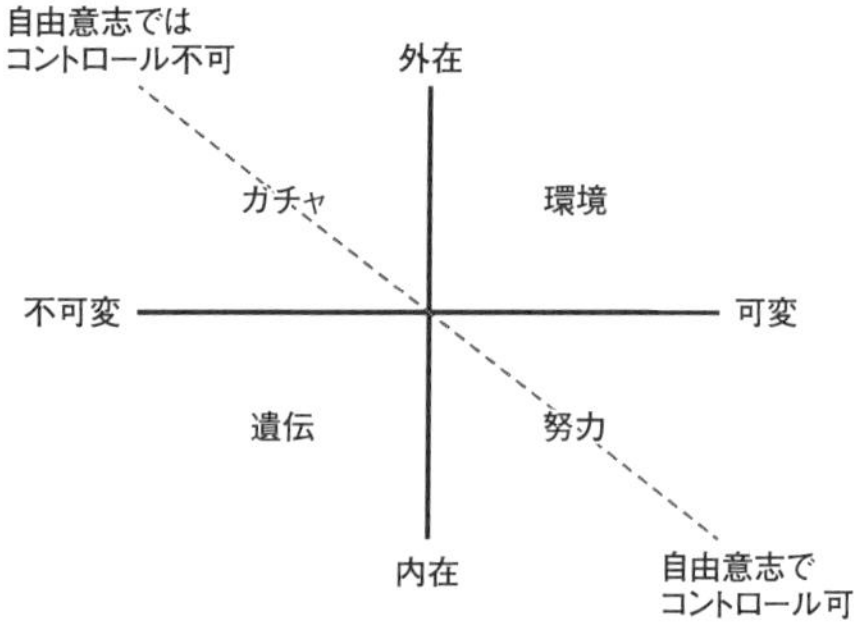

図３　一般にイメージされがちな人生に与える遺伝と環境の影響（出典：『能力はどのように遺伝するのか』）

行動遺伝学に対する批判として、「人の能力を決めるのは遺伝じゃなくて環境だ」「大事なのは教育だ」というものがあります。これなどは、その素朴遺伝観から出てくる典型的な批判です。要するに「遺伝だったら環境ではない」「環境だったら遺伝ではない」「遺伝と環境が相互作用するなら環境によって遺伝はどうにでもなる」という考え方です。でも、環境が人間に影響を与えるというのも、教育に意味があるというのも当たり前ですよね。そうした大前提を踏まえたうえで、遺伝が能力に大きな影響を及ぼしていることを明らかにしたのが行動遺伝学の成果ですが、そこがなかなかわかってもらえません。

橘　そのことを安藤さんご自身が前ページの図3で説明されてますよね。私たちの人生に影響を与える要素を、「内在（生まれ）か外在（育ち）か」と、「可変（変えられる）か不可変（変えられない）か」で分けている。

この図だと、遺伝は「内在＋不可変」で、環境は「外在＋可変」になります。遺伝と環境は対立するもので、一方が正しければもう一方は間違っているという議論になりやすい。

安藤　それに加えて、外在でも不可変なものがある。これは自分では変えられない環境要因で、それが家庭環境だと「親ガチャ」と呼ばれます。でもそれだけではなく、自分が生まれ落ちた地域社会や時代背景など、変えられない環境はいろいろあります。

もうひとつは、内在でも変えられるものがあり、これは一般に「努力」と呼ばれます。「ガチャ」は自由意志でコントロールできないもの、「努力」は自由意志でコントロールできるもので、ここにも対立があります。

橘　「内在＋可変」である努力は、人生は自分の力で切り開いていけるということですからネオリベ（新自由主義）的で、「外在＋不可変」は環境＝社会を変えなければならないわけですから、リベラルの主張になる。これは昨今の政治イデオロギーの対立をうまく説明できているように思いますが、こうした素朴なイメージは、根本的に間違っているわけですよね。

安藤　はい。これからお話しするように、「環境」もまた遺伝の影響を受けているし、「遺伝」が影響する領域は環境にも及んでいるわけですから。

優生学の亡霊

橘　すべての生き物と同様に、私たち人間も長大な進化の過程のなかで現在のように「設計」されてきたことは間違いありません。ところが日本人は、昆虫や動物の〝進化の不思議〟や、二足歩行のようなヒト（ホモ・サピエンス）の身体的な進化の話は大好きなのに、なぜか心（脳）の遺伝について語ることを避けている。

進化が脳とそれ以外に臓器を区別したはずはなく、身体と同様に、喜んだり悲しんだりといった感情も、主に旧石器時代の環境への適応として進化してきた。こんなことは考えるまでもない当たり前の話なのに、いざ心が進化の結果だといわれると拒絶する。こういう反応はリベラルなメディアや文系・社会学系の知識人に多いですが、これは典型的な「人間中心主義」であり、ヒトを特権階級とする〝種差別〟ですよね。そういう人ほど、気に入らない意見は「優生思想だ！」と騒いで黙らせればいいと思っているのも困った話です。

安藤　「優生思想だ！」は確かに殺し文句で、これを言われると遺伝について科学的なアプローチをする以前に思考停止にさせられます。社会科学ではいまだに優生学の亡霊に脅えている研究者が多いように思います。ですから僕はこれまで、遺伝の概念が社会においてどう論じられているかについてあえて関心を向けることを避け、遺伝が能力にどう影響を及ぼしているのかを解明し、その科学的モデルを構築することに専念してきたつもりです。

ですが、現実に目を向けると、不当な状況から抜け出せず苦しんでいる人がたくさんいます。その要因には社会的なものだけでなく、遺伝的なものが関わっている。遺伝のこうした負の側面を多くの人が見ないようにしていることに知的な不誠実さを感じ、何か言わなければと思うようになりました。

橘　精神障害や犯罪性向も遺伝的な影響が大きいことがわかっていますが、日本の精神医学界はほとんど認めようとしませんよね。すくなくとも、一般向けの本で犯罪や精神疾患と遺伝の関係についてはっきり書いたものは見たことがない。

『言ってはいけない』（新潮新書、2016年）で行動遺伝学の知見を紹介したときも、ある編集者から「そんなことを書いたら大変なことになる」と忠告されました。でも現実には、本が出ると「救われた」という反響がたくさんあった。自閉症のような発達障害の子どもを抱えた親は、これまで「子育てが悪い」「虐待でもしたんじゃないか」という心ない視線や批判に苦しんできた。

遺伝の影響を否定すれば、残るのは環境（子育て）しかないのだから、批判が親に向かうのは当たり前です。でも「人権」を重視するリベラルは、環境決定論の「きれいごと」がどれほど残酷なのか、これまでまったく考えようとしなかった。

安藤　そうなんですよね。教育の世界も同じです。遺伝と言ってしまうと生徒が救われないから、遺伝ではないというストーリーにしたいのです。その結果、勉強ができないのはすべて子どもの努力不足か先生の指導力不足のせいにさせられています。本人もそう思い込んで、とことん努力するか、努力できずに敗北感を覚える。先生も自分からどんどん仕事を増やして疲弊していく。

かつての優生学に基づいた「遺伝的によくない形質をもっている人間は差別していい、抹殺してもいい」という主張は間違っています。これはいわゆる自然主義的誤謬、つまり「遺伝的にこうだ」という事実命題から「こういう遺伝的形質には価値がない」という価値命題を導いている。だけど、「遺伝だと言うと差別になるから、遺伝ではないことにする」というのも、同様に間違ったロジックです。これを僕は「自然主義的逆誤謬」と呼んでいます。遺伝の影響を認めたうえで、私たちがどのような社会をつくっていくかを考えなければいけません。

経済格差と知能格差

橘　行動遺伝学は遺伝決定論ではなく、その大原則は、「人間は遺伝と環境の相互（交互）作用によってつくられる」ですよね。ところが1970年代からアメリカで始まった社会生物学論争では、リベラルはこれを「遺伝決定論」だと曲解し、暴力的な抗議行動まで行なった。その一方で、自分たちの「環境決定論」がどれほどグロテスクか気づこうともしない。これはとんでもない欺瞞（ぎまん）であり、偽善だと思います。

とりわけ問題だと思うのは、「知識社会において、経済格差は知能の格差の別の名前」という事実を表向きは認めようとしない一方で、学歴信仰を煽（あお）って「よい学歴＝高い知能をもっていないと成功できない」という価値観を強要していることです。シリコンバレーの起業家やエンジニア、ウォール街の投資銀行家・トレーダーを見れば明らかなように、高度化する知識社会での成功者は、きわめて高い論理・数学的知能をもつ人たちです。

その結果、いまの学校教育は知識社会への適応が目標になってハードルが上がり、小学校3、4年生の国語や算数で脱落してしまう子どもたちが出てきている。[9] こうした生徒は授業が理解できないので、たいていは高校卒業までにドロップアウトしてしまいます。

安藤　教育制度が「教育」制度ではなく「選抜」制度になってしまっているわけですね。人間は遺伝なんかで決まっていない、性格も能力も環境で変えられる――。このように語る心理学者もいまだにいますが、その考え方はいろいろと問題があることになぜ気がつかないのでしょう。基本的な生物学的形質まで環境によってコロコロと変わってしまうと、「遺伝子の働きってそもそも何よ」ということになります。

遺伝子には遺伝子独自の働きがある。それがそのままでは環境に対して不適応だった場合、その遺伝子のできる範囲で表現型を調節する、それで適応が難しかったら遺伝子の働きに合うように環境を変える。動物が「動く物」というのは、自分を動かすことによって環境を変える生存方略をとって進化した生物だということです。教育制度はまさに人が人為的、計画的、組織的に設計した環境なんですから、環境のほうを遺伝子に合わせなければいけないのに、環境はそのままで、それに合う人間を選別するだけが教育だなんて、どう考えてもおかしい。教育を変える、あるいは教育の考え方を変えたほうが、生物としてのヒトにとってはるかに合理的です。

世間的な風潮に迎合して嘘を言うのは、科学がいちばん大事にしなければならない知的誠実さを研究者自身が裏切っていることになります。ただ、研究者は倫理面についても無責任ではいられないと思います。科学的なエビデンスから、どのような社会的な落とし所にもっていくか。遺伝の研究からそのためのロジックをどうつくるのか。若い頃の僕にはその自信がなかったので、行動遺伝学の知見を世間に語ることに躊躇（ちゅうちょ）がありました。いまは「能力が遺伝するなんて優生学だ！」という批判に対しても、「そういうあなたが優生思想に加担しているんですよ」ときちんと論駁できると思っています。

橘　心強いお言葉です。この社会には遺伝的な多様性があるけれど、誰もが平等な権利をもっているという当たり前のことを前提として議論ができる世の中になるといいですよね。

遺伝の影響をいかに調べるか

橘　行動遺伝学が批判や誤解にさらされる背景には、身体的な特徴だけでなく、性格（パーソナリティ）のような特性や知能、精神疾患や発達障害など、人間に関するあらゆることを「遺伝」「共有環境」「非共有環境」に分ける考え方があると思います。これは直感的には理解しづらいので、「けっきょく何もかも遺伝で決まるという話じゃないか」と「遺伝決定論」のレッテルを貼られてしまう。

そこでまずは、総計1455万8903人の双生児を対象に、1958年から2014年までの2748件の研究をメタ分析（複数の研究を統合し評価した研究で、エビデンスのレベルとしてはもっとも高いとされる）したポルダーマンらの研究を見てみたいと思います。[★10]

これは現時点でもっとも大規模で包括的な行動遺伝学のメタ分析だとされますが、この論文で提供されているのは膨大な生データで、遺伝・共有環境・非共有環境に整理されているわけではありません。そこでここでは、アメリカの保守思想家チャールズ・マレーが2020年の“*Human Diversity: The Biology of Gender, Race, and Class*（『ヒューマン・ダイバーシティ——ジェンダー、人種、階級の生物学』）”に掲載した数値を使うことにします（端数が処理されていないので合計が100にならないものがある）。

次ページの表では心理的な特徴を「パーソナリティ」「能力」「社会行動」「精神障害」「幼年期と思春期の精神障害」「その他の精神障害」に大きく分けているのですが、一見してわかるのは遺伝率と非共有環境の割合が高く、共有環境の影響がきわめて小さいことです。共有環境と非共有環境についてはのちほど詳しく説明していただくとして、遺伝率を見ると、計算や認知、学歴のような「知能」だけでなく、やる気や集中力のような「性格」とされるものも、ほぼ半分は遺伝で説明できる。

多動障害や情緒障害のような発達障害、双極性障害のような精神障害の遺伝率が7割近いというのも衝撃ですが、それ以上に驚かされるのは、人間関係や家族関係、子育て、宗教とスピリチュアリティといった、ふつうは遺伝との関係で語られることのない要素にもかなりの遺伝率（3割程度）が見られることです。

安藤　ポルダーマンのこのメタ分析は心理的・行動的形質だけでなく、身体的・病理的な

ドラッグ依存	46%	26%	29%
レクリエーションとレジャー	55%	18%	27%
宗教とスピリチュアリティ	36%	21%	43%
学歴	50%	25%	26%
子育ての問題	27%	34%	40%
基礎的な人間関係	30%	36%	34%

精神障害	遺伝率	共有環境	非共有環境
うつエピソード	39%	4%	58%
繰り返す抑うつ障害	52%	4%	52%
その他の不安障害	42%	9%	42%
恐怖不安障害	45%	10%	45%

幼年期と思春期の精神障害	遺伝率	共有環境	非共有環境
摂食障害	38%	2%	60%
多動障害	68%	5%	27%
思春期の感情／行動障害	64%	7%	29%
幼児期に始まる感情障害	43%	20%	37%

その他の精神障害	遺伝率	共有環境	非共有環境
ストレスと適応障害	33%	0%	67%
非気質的睡眠障害	45%	0%	55%
パーソナリティ／行動障害	41%	0%	60%
強迫神経症	46%	6%	48%
情緒障害	63%	6%	32%
広範囲の発達障害	70%	7%	23%
双極性障害	68%	14%	19%

（出典：*"Human Diversity"*）

表2　心理的特徴に影響を与える割合

パーソナリティ	遺伝率	共有環境	非共有環境
パーソナリティ障害	44%	1%	56%
気質	44%	5%	44%
感情の不安定性	35%	19%	46%

能力	遺伝率	共有環境	非共有環境
やる気	57%	0%	43%
自己と時間の認識	56%	0%	44%
精神運動機能	30%	1%	69%
集中力	44%	2%	55%
記憶	45%	3%	52%
計算	56%	13%	32%
認知	55%	18%	27%
言語	46%	22%	32%
軽度精神遅滞	33%	22%	45%

社会行動	遺伝率	共有環境	非共有環境
仕事と雇用	37%	0%	63%
親密な関係	35%	0%	65%
家族関係	28%	6%	66%
インフォーマルな社会関係	32%	59%	10%
全体的な精神社会機能	48%	11%	41%
社会的態度	37%	12%	50%
健康への気遣い	44%	13%	43%
行動障害	48%	14%	38%
ニコチン依存	54%	17%	29%
アルコール依存	44%	19%	38%
大麻依存	54%	22%	25%

形質まで含むあらゆる形質についてのふたご研究を要約したもので、行動遺伝学のみならず人類遺伝学としてもふたご研究の決定版といってもよい論文でしょう。結果は一目瞭然で、個人差のあるところは、ことごとく遺伝が関わっている。つまり、遺伝が人生のすべてに関わっているということを有無を言わさず示してくれています。人間だって遺伝子の産物ですから、これは地球が丸いのと同じくらい当たり前のことなので、この程度のことで驚いてもらっては困ります。

橘　なるほど（笑）。ただ、こうしたデータが「遺伝決定論」の誤解を招く理由になっていると思うので、行動遺伝学ではどのように遺伝の影響を調べるのか、また遺伝率とは何なのかといったところからまずは説明していただけますか。

安藤　そうですね。そもそも行動遺伝学の基本的な手法というのはとてもシンプルで、同じ環境で育った一卵性双生児と二卵性双生児を比較して、どの程度類似しているのかを調べます。一卵性双生児は同じ一つの受精卵から生まれますから、遺伝子は完全に同一、遺伝的類似性は１００％です。これに対して、二卵性双生児は二つの受精卵から別々に育つので、類似性は普通のきょうだい程度です。全体として見れば、二卵性双生児やきょうだいの遺伝的類似性は50％になります。つまり一卵性双生児は二卵性双生児と比べて、遺伝的には2倍似ているということになります。

一卵性双生児と二卵性双生児は同時に生まれ、通常は同じ家庭で養育されますから、両者を分けるのは共有する遺伝子の割合だけになります。これを利用して、ある形質の類似性を各種のテストやアンケート、行動観察で比べたとき（被験者となる双生児ペアは数百から数千組）、一卵性双生児のほうが二卵性双生児より似ているのであれば、遺伝の影響が強く働いていると考えるわけです。ただ、遺伝以外にも家族のメンバーを「より似させようとする影響」はあり、それを行動遺伝学では共有環境と呼んでいます。逆に、家族のメンバーを「異ならせようとする影響」は非共有環境といいます。

遺伝も共有環境も同じ一卵性双生児であっても性格に違いが生じるのは、非共有環境があるからです。また二卵性双生児の類似性が一卵性の類似性の半分よりも高い場合、遺伝的な影響に加えて共有環境の影響もあると考えます。統計的な算出方法については詳しく述べませんが、ここから遺伝、共有環境、非共有環境の個人差に対する相対的（測定値の性質によっては絶対的）寄与率を算出できるわけです。知能やパーソナリティ、運動能力などさまざまな形質の個人的差異は、遺伝、共有環境、非共有環境が影響しあった結果だということが、そこから証明できるのです。

遺伝率は個人には当てはまらない？

橘　確認しておきたいのですが、知能の遺伝率が5割という場合、これは親の知能の50％が子どもに伝わるということではありませんよね。

安藤　遺伝率についての混乱はいくつかありますが、一つはおっしゃるように、親から「伝達」される割合や確率だという誤解でしょう。

これは親の知能の50％が子どもに伝わるということではありませんし、ある人のＩＱが１００だったとして、スコアのうち50が遺伝で決まって、残りは環境や学習で決まるということでもありません。その人の属する集団のばらつき全体のなかで、遺伝によって説明できるばらつきの相対的な大きさが50％という意味です。

そもそも遺伝率は特定の集団に対する調査から算出した値なので、個人にそのまま当てはめることはできません。調査対象の集団によって結果が変わってしまうので、遺伝率を何らかの定数のように捉えるのも間違いです。統計的な概念なのでわかりにくいかもしれませんが、遺伝率とは、ある形質についての表現型（観察できる特徴）の「分散」、つまりばらつき具合が、遺伝や環境によってどの程度説明されるかということを示しています。この場合の分散というのは、その集団全体の平均値を基準としたとき、そこからどのくらい差のある値がどれだけあるかを示しています。

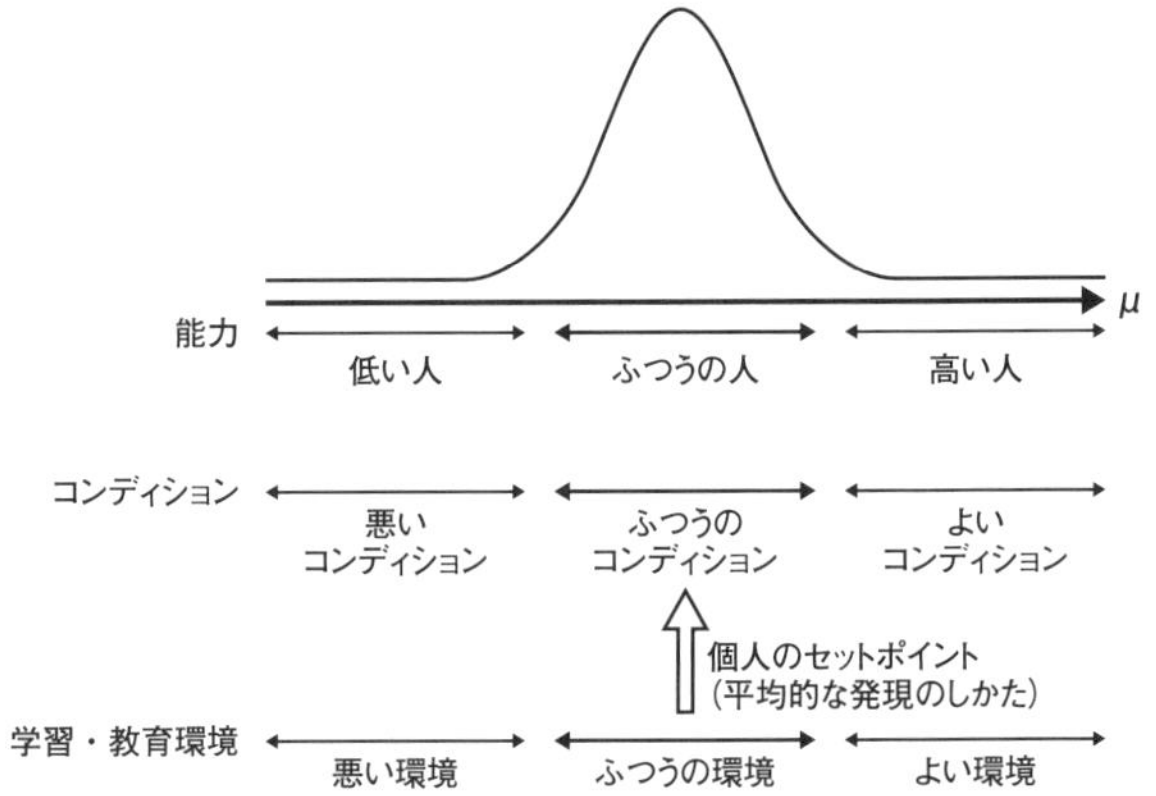

図4　人生を左右する要素の組み合わせ(出典:『能力はどのように遺伝するのか』)

橘　このお話は、『能力はどのように遺伝するのか』で図解されてますよね(図4)。まず、能力は社会のなかで正規分布するので、数学や国語のようなある能力に対して高い得点を取る人と、低い得点を取る人はベルカーブのかたちになる。あとで議論したいと思いますが、知能指数で表わされる一般知能もこの分布になります。

それと同様に、ある人がどのような環境に置かれるかもランダムに正規分布する。そうなると、高い能力をもちながら悪い環境に置かれるケースや、低い能力なのによい環境を享受できるケースが出てくる。もちろん高い能力とよい環境の組み合わせで成功する人も、低い能力と悪い環境の組み合わせで困難な人生を歩む人も出てきますが、正規分布の特徴から、もっとも多いのはふつうの能力とふつうの環境の組み合わせです。

それに加えて、そのときどきのコンディションもランダムに正規分布すると仮定されています。高い能力をもっていても、風邪を引いていたりしてコンディションが悪く、その能力を発揮できないこともある。逆に能力がすこし足りなくても、それを補うくらいコンディションがいいこともあるかもしれない。

このように、人生は遺伝だけで決まるわけでも、環境がすべてでもなく、コンディションも加えたランダムな組み合わせなのだというのは、とても説得力があると思いました。

「失われた遺伝率」の謎

橘　遺伝率の算出法ですが、「ふたご研究では集団の統計的な遺伝率しか算出できないし、その結果は個人に当てはまらない。だから行動遺伝学の知見にたいした意味はない」という批判がありますが。

安藤　集団レベルでしか遺伝の影響を表わせないふたご研究が個人単位にまったく当てはまらないかというと、ちょっと違います。遺伝率が低い形質の場合、環境を改善することでスコアを高められる可能性が高くなるとはいえます。つまり環境の割合が遺伝と同じ50%の集団または形質の場合と、環境が遺伝の半分の33%の集団または形質の場合だと、ある人の環境を標準偏差で1ポイント高くしたとき、表現型が上がる程度は環境率50%の集団または形質のほうが33%の場合よりも1・5倍（50%÷33%）大きいと予想できます。

それに加えて現在では、ポリジェニックスコアで個人の〝遺伝的な未来〟を高い確度で予測できるようになってきた。状況はここ数年で劇的に変わりつつあります。しばらく前から知能に関しては、「行動遺伝学は間違っている」と批判する人は、よほど遺伝を目の敵にしたがるイデオロギー論者以外はほとんどいなくなったといわれていますが、今後は行動遺伝学の成果全般に対して認識が変わっていくんじゃないかと思っています。

橘　行動遺伝学のふたご研究で算出された知能の遺伝率が60%で、先ほどのお話では、ポリジェニックスコアで説明できるのが12〜16%でした。そうなると、残りの40〜50%程度はポリジェニックスコアでもまだ説明できていないということですか。

安藤　はい。これは「ミッシング・ヘリタビリティ（missing heritability）」つまり「失われた遺伝率（見つかっていない遺伝率）」と呼ばれます。

ミッシング・ヘリタビリティの存在については、ふたご研究において遺伝率を高く見積もりすぎているせいではないかとの意見もありますが、僕はそうではないと考えています。

例えば、能力に大きな影響を与えるけれど、遺伝子間の交互作用によってまれに発現する変異があって、計算から漏れているということも考えられるでしょう。特定の遺伝的形質をもった人が特定の環境に入ったときにすごく大きな効果量の変異が発現することもありえます。僕はそれに加えて、わずかずつでも行動のあらゆる側面で遺伝の影響があると、結果的に似たような人生経験の連鎖が生じやすくなり、その結果、単一の遺伝子だけからは説明できない高い遺伝率に結びつくのではないかと考えています。まだ仮説の段階にすぎませんが、ふたご研究ではそうした発現を見つけやすい可能性があります。

GWASによるポリジェニックスコアを使えば、ある特定の瞬間のSNPと、能力や性格、パフォーマンスなどの表現型を比較できますが、人生は過去から未来へと続いていきますよね。行動遺伝学のふたご研究では、こうしたライフスパンでの遺伝率を計測していて、それがGWASとの差、ミッシング・ヘリタビリティになっているという仮説を考えているわけです。

「鳶が鷹を生む」メカニズムとは

橘　遺伝の仕組みに話を戻したいのですが、有性生殖の場合、子どもは父親と母親から遺伝子を50%ずつ受け継ぐことになりますね。

安藤　そうなんですが、まず遺伝には「相加的遺伝」と「非相加的遺伝」という二つのタイプがあることを押さえておいてください。

遺伝的な形質は、単独の遺伝子の働きだけで決まることは少なく、複数の遺伝子の組み合わせでつくられます。このとき、相加的遺伝というのは、遺伝子が足し算で効いてくる遺伝のことです。Aという遺伝子をもっているとIQが０・３ポイント高くなり、B遺伝子があれば０・１ポイント、C遺伝子があれば０・２ポイント高くなる……という具合に、足し算で形質を説明できるのが相加的遺伝です。

一方、非相加的遺伝も複数の遺伝子が関わっているのは同じですが、単純な足し算では説明できません。「メンデルの優性の法則（メンデルの法則）」は、代表的な非相加的遺伝です。エンドウ豆の種子の形について丸型、しわ型という二つの遺伝子型があったとき、親世代が丸型＋丸型なら子世代も丸型、親世代がしわ型＋しわ型なら子世代もしわ型。丸型＋しわ型なら中間くらいになりそうなものだけど丸型になる。ほかにも、丸型＋丸型でさらに丸型が強調されることもあれば、あるいは逆に丸型ではなくなる、という非相加的遺伝もありえます。

ある形質が相加的遺伝ならば、二卵性双生児の類似性は一卵性双生児のちょうど半分になりますが、非相加的遺伝だと半分よりもっと低くなり、ほとんどゼロということもありえます。知能などは相加的遺伝、パーソナリティは非相加的遺伝の傾向が強く、相加的遺伝では遺伝率の高い形質は親から子へと伝達されやすくなります。

橘　相加的遺伝は関連する遺伝子の数が少なく、なおかつ互いに影響し合っていない。それに対して非相加的遺伝は関連する遺伝子の数が多くて、なおかつ相互に影響を与え合っているということですか。

安藤　いえ、重要なのは遺伝子の数ではなく、遺伝子と遺伝子の効果の関わり方です。メンデルのエンドウ豆では遺伝子は1か所、種類は顕性と潜性の2種類だけでしたが、それでも遺伝的形質は非相加的になります。ポリジーンだとそれが何百にも何千にもなりますが、じつのところ、それだけの数の遺伝子どうしの関わりが非相加的だと、全体としてはほとんどランダムになってしまいます。最近のGWAS研究でも、非相加的遺伝による効果を算出しても教育年数をほとんど説明できないことが示されています。知能の基本は相加的遺伝ということです。

橘　知能が相加的遺伝ということは、知能の高い親同士からは知能の高い子どもが生まれやすい、という理解でいいですか。

安藤　期待値としてはそうなります。自分と配偶者、両方の知能が平均よりも高ければ、子どもの知能も高くなる確率が相対的に高いことは確かです。しかし、ここで統計学で最初に習う「平均への回帰」が効いてきます。通常、どの能力についてもサンプルをたくさん集めてグラフ化すれば、正規分布、つまりベルカーブを描きます。両親ともに能力が高いということはベルカーブの右端に位置するわけですが、親と子の相関係数が1ではない、つまり親と子が同じになるわけではない場合、子どもの能力の平均値は両親の能力を足して2で割ったものよりは、集団全体の平均に若干近づく確率が高くなります。これが平均への回帰です。

だから、「両親はどちらも東大を出ているのに、なんでこの子は……」と嘆くこともあれば、逆に「鳶（とび）が鷹を生む」ということもあるわけです。

橘　確かに優秀な成績を残したスポーツ選手の子どもが期待したほど活躍できないという話はよく聞きます。これも「平均への回帰」で説明できそうですね。

子どもを「当たり」にしなければ、という強迫観念

橘　遺伝について多くの人が感じている恐ろしさは、自分が選択したわけでもない形質が勝手に親から受け継がれ、人生のあらゆる領域にその影響が及ぶということだと思います。

安藤　実際のところ、ふたご研究からだけでは、親の表現型から子どもの遺伝子型を正確に予測するのはかなり無理があります。先ほど述べたように、両親ともに知能が高い場合、両親ともに知能が低い場合よりも知能の高い子どもが生まれる確率は高くなるといえま

す。ですが、同じ両親であっても子どもの遺伝子型には相当なばらつきが生じます。このことが意外なくらい見過ごされているのではないでしょうか。

ポリジェニックスコアを用いて、ある集団における身長のばらつき全体と、平均的な身長の両親から生まれた子どもたちの身長のばらつきをシミュレーションして比較した研究があるのですが、集団全体の遺伝的なバリエーションと家庭内の遺伝的バリエーションはほとんど重なっていました。つまり、「両親とも頭がいいから子どもも頭がいい」という確率は若干高いかもしれませんが、それ以上に家庭内でのばらつきも大きいのです。

橘　それはこういうことでしょうか。かつては子どもが五、六人いる家庭も珍しくありませんでしたよね。兄弟姉妹で全然タイプも違っていて、「なんであの親からこんな子が」とまわりが不思議に思うような子どもも一人くらいいた。でも、いまは一人っ子が普通になってしまって、家庭内の分散（ばらつき）をイメージしにくくなっている。

安藤　まさにそういうことです。このことはどんな親からも、自分と似た子どもだけではなく、とんでもなく似ていない子、例えば天才やギフティッド、あるいは発達障害の子どもが生まれても不思議はないということを意味します。世界的に有名な指揮者で作曲家のレナード・バーンスタインの両親はまったく音楽の素養がなかったそうで、友人が父親に「おまえはどうやって息子を世界的な音楽家に育てたんだ」と聞いたら「そんなの知るもんか。あいつが勝手にレナード・バーンスタインになってしまったんだ」と答えたという逸話があります（笑）。

橘　昔なら子どもに「当たり外れ」があるという〝遺伝ガチャ〟をみんな自然に受け入れていたけれど、いまは一人の子どもを絶対に「当たり」にしなければならなくなった――そういう強迫観念はますます強くなっている気がします。

安藤　少子化社会では、親も一人の子どもに投資を集中させようと必死になりますからね。子どもが一人しかいないと、いやでもその子が絶対ということになります。それが大事な認識であることは間違いありません。しかしその子は、その親から生まれたかもしれないほかの多様な可能性のなかの一つだった。かくいう僕自身だって、僕の両親から生まれた唯一無二の遺伝的作品というわけではないんです。実際、妹とは性格も能力の方向性も、同じところもあるけれど、違うところもかなりあります。この偶然が生んだ必然を、本人が、家族が、社会が、どう引き受けていくかですね。

知識社会であるがゆえの不都合な真実

橘　身長や体重、運動能力などの身体的な形質の遺伝率が高いことは、昔から多くの人が気づいていたでしょう。それに対して、知能やパーソナリティなど精神的な形質の遺伝については、「言ってはいけない」という空気がつくられてきました。

そこに、エビデンス(証拠)を示して不都合な真実を突きつけたのが行動遺伝学で、生物学的な形質と心は別であってほしい、いや別でなければならないという、これまでの大前提が崩されたことで憤る人が多いのでしょう。

安藤　なんでそんな当たり前のことで驚くのか、というのが、いまとなっては正直なところですが、じつは僕自身、「環境によって人間がつくられる」ことを示そうとして、大学院に進んだんです。ところが研究を進めれば進めるほど、遺伝の影響が大きいことを認めざるをえなくなりました。

前章で出てきた行動遺伝学者のエリック・タークハイマーは「行動遺伝学の3原則」の1番目として、「ヒトの行動特性はすべて遺伝的である」ことを挙げています。この原則の意味はきわめて大きい。知能や運動能力、あるいはコミュ力だけじゃなく、ありとあらゆる能力、ありとあらゆる個人差に遺伝の影響があるんです。僕たちがいまこうして対談している瞬間にも、何らかの遺伝的素質を用いているわけですから。

橘　この本のテーマでもある、「人生のあらゆるところに遺伝の長い影が伸びている」という話ですね。冷静に考えれば当たり前のことなのに、直感的には受け入れがたいものがある。

とはいえ、行動遺伝学に対する批判は、突き詰めれば知能に集中していますよね。身長の遺伝について文句をいう人はいないし、スポーツや音楽の才能が遺伝することも当然と見なされている。歌舞伎に至っては、親から子へと「芸事の血」が受け継がれていくことが前提になっていますが、知能の遺伝に関してはあらゆるところから批判がくる。現代のような知識社会では、知能が高いかどうかが人生に決定的な影響を与えるので、誰もが知能の話に敏感になっているのでしょうけど。

そこでうかがいたいのは、そもそも知能とは何かということです。認知科学者は「一般知能」を調べるために知能テストを行なうわけですよね。

安藤　知能指数（ＩＱ）の検査は19世紀末に、フランスのビネーが学習進度の遅い子どもを支援するために始めたもので、ビネー・シモン検査として完成したのが１９０５年です。一方、イギリスのチャールズ・スピアマンが、古典や数学などに加え、音や明るさへの反応、重さの弁別などさまざまな精神テストを行ない、それぞれの要素に正の相関があることに気づいた。あるテストでよい点数をとった子どもは、異なる種類のテストでも得点が高い傾向がある。ここからスピアマンは、「すべての知能の上位にある知能」という意味で「一般知能」を提唱し、general（一般的）の頭文字から「g因子」と名づけました。

橘　これに対して高名な古生物学者のスティーヴン・Ｊ・グールドは１９８０年代に、

「一般知能はたんに統計的に導出される〝ヴァーチャル〟なものであるにもかかわらず、それを生物学的実在のように扱っている」と批判しました。[★11] これは現在でも、知能テストや一般知能を否定したい人の定番の主張になっています。

安藤 そういう批判はよく聞きますし、一見説得力があるかのように聞こえますよね。でもそれって、野球選手の打率だって統計的に算出されるヴァーチャルな数字にすぎないから大谷翔平の打率が3割といっても実力とは無関係だとか、日経平均株価は統計的数値にすぎないから日本の経済状況とは無関係だというのと同じくらい荒唐無稽で、「先に批判ありき」の詭弁にすぎません。

打率だって日経平均株価だって、野球選手としての実力や日本経済の状況と合理的に連動し、現象の理解を助ける、意味のある数値であることは誰でも認めるでしょう。一般知能も同じで、学業成績や職業選択、健康度、配偶者選びなどとも関係があることがたくさんの研究から示されています。そしてそれがいま、脳神経科学によって遺伝子とも関係していることが明らかにされつつある。

「知能は統計的現象である」と僕も書いていますが、これは、その背後に生物学的な仕組みが存在しないということではありません。

一般知能に実体はある

安藤　一般知能には大きく、「流動性知能」と「結晶性知能」があります。流動性知能は推理力、論理力、直観力のように、新しい問題を解決する方法に気づき、スピーディに処理・加工・操作する知能。結晶性知能は経験や教育、学習などから獲得した言語能力、理解力、知識の応用力などとされます。

流動性知能を測る検査に、「レーヴン漸進的マトリックス」があります。これは図形パターンの法則性を見つけて空欄を埋めるクイズのようなものですが、このテストに取り組んでいる被験者の脳を調べると、前頭前野内側前頭領域の賦活度が高くなっている。

知能テストにおいて抽象的な問題を解いているときは、前頭前野と頭頂葉がどれだけ同調しているかが重要になります。じつをいうと、脳のこの部位はもっと簡単なシチュエーションでも働いていて、ニホンザルなどでも共通していることがわかってきました。上位のサルがいるときには下位のサルはエサを食べたい欲望を抑えて上位のサルに譲るとか、そういう活動に使われているのです[12]。

共通しているのは自己制御の機能で、脳の特定部位をどう効率よく使うか、あるいはいかに抑制するかといったことが、霊長類の知的活動と関連させて説明できるようになってきた。だから、一般知能に実体がないとはいえません。

橘　前頭前野と頭頂葉の同期というのは、いわゆる「ワーキングメモリ」のことですよね。ワーキングメモリが効率的に働いていると流動性知能が高い。一般知能の生物学的実在が脳科学のレベルで解明されつつあるわけですね。

安藤　そういうことです。ただ、そうはいってもワーキングメモリだけで知的能力が決まるというのも誇張しすぎです。コンピュータでたとえるなら、流動性知能というのは何にでも使える汎用的なCPU（中央演算処理装置）みたいなものです。最近の心理学では実行機能ともいいます。でも、コンピュータの性能はCPUの処理能力だけで決まるわけではないですよね。ハードディスクにさまざまなプログラムを組み込み、データベースに大量のデータを記憶させて、具体的な問題解決に使っている。これまでも認知心理学では、汎用的なプログラムである「一般問題解決器（General Problem Solver）」と領域固有の過去の知識の役割の両方を想定して、人間の問題解決能力を議論してきました。

僕自身は、「チームの力と個人の力を明確に区別することはできない」という立場です。知的問題の解決能力をサッカーにたとえると、個々の選手の能力、例えばフォワードやゴールキーパーの専門性は当然あって、その良し悪しが試合の勝敗を分けることはあります。けれど、それぞれのポジションにいくら優れた選手がいても、選手同士がうまく連携できなければ、下位のチームにあっさり負けてしまうこともある。

前頭前野と頭頂葉が同調していたとしても、実際の知的能力は、個々の具体的な知識や経験をどれだけもっているか、課題に当てはめられるかによって変わってきます。一人ひとりの知識や技能それ自体は、いうまでもなく生まれつき備わっているものではなく、経験と学習を通じて獲得されるものです。もちろん、どんな経験をするかにも遺伝的な影響はありますが、そもそも経験をしなければ学習は成り立たず、知識として身につかない。そのうえで個々の知識や技能を一つの課題の解決のために統合させ、チームの力として働かせているのが一般知能、あるいは実行機能に相当します。その意味で一般知能に実体はあるけれど、人間の知能がどう使われているかを一般知能だけで語るのは危険だと思います。

遺伝と境界知能

橘　知能の話題になると、偏差値80の大学に子どもを何人も入学させた親など学歴社会の成功譚ばかりですが、知能の分布はベルカーブ（正規分布）なので、偏差値でいえば40から60のあいだに全体の約7割が収まり、15%が偏差値60以上、残りの15%が偏差値40以下になります。これは統計学では当たり前のことですが、ベルカーブの右側の話はみんな大好きでも、左側については口を噤んでますよね。

安藤　教育業界はとくにそうですね。知能の遺伝を認めないのは、低い知能も遺伝するということが不都合だからです。これは親の立場になってみても、社会の反応を考えてみても当然だと思いますが、だからこそ目を背けてはいけないのではないかと思います。

橘　精神科医の宮口幸治さんは、医療少年院にはケーキを三等分する方法がわからない少年がたくさんいることを指摘して、日本社会に衝撃を与えました。[*13] なぜ宮口さんがこのことを世に問うたかというと、「誰もが同じ知能をもっている」という前提では、こうした子どもたちに適切な支援ができないからです。

法律やルール、状況を正しく理解したうえで法を犯したのなら、すべての責任は本人にあります。しかし現実には、何が悪いのかわからなかったり、犯罪だと認識していても、それ以外の選択肢が思いつけない子どもがたくさんいる。これは少年院だけでなく、刑務所も同じだと思いますが。

安藤　境界知能の問題ですね。ＩＱ70は偏差値30に相当しますが、それ以下だと発達（知的）障害だとされます。しかし、ＩＱ70を超えていれば問題なく日常生活が送れるわけではない。その前後だと、普通に会話ができるので、こちらのいうことを理解しているように思えますが、まったくわかっていなかったりする。学校では授業についていけないし、職場では指示に従えなくて仕事も長く続かないでしょう。

橘　「日当１００万円」などの闇バイトをＳＮＳで見つけて連絡し、求めに応じて運転免許証などを送り、脅されて強盗をする事件が相次ぎましたが、これも境界知能の問題が関わっているんじゃないですか。ふつうはそんな危ない話に引っかからないし、強盗をしろと言われたら警察に相談するでしょう。

安藤 回転寿司店で醤油さしを舐めるなどの不適切動画を投稿するのも同じですね。「こんなことをするなんてとんでもない」といいますが、本人は何が悪いのかわかっていない可能性がある。これはひょっとしたら一般知能の問題だけではなく、何かほかの能力や性格の遺伝的特性も関わっているのかもしれませんが。

橘 就活中の女子大生が、羽田空港のトイレで産み落とした赤ちゃんを殺して埋めた事件では、裁判で被告が境界知能であることが示されました。世の中には発達障害とは認定されないものの、社会生活に困難が生じている境界知能の人たちが一定数いて、「障害者」として支援を受けられないまま放置されています。知能の分布は男女でほぼ同じですから、男なら特殊詐欺の「受け子」として使い捨てられ、女なら若くしてシングルマザーになって、風俗などで働いている。[14] こうした実態も少しずつ知られてきましたが、それでも大多数は目を背けたままで、結果として、「おかしな奴は刑務所に入れておけ」という極論ばかりになっています。

安藤 どんな社会でも、ダークサイドに落ちるような恵まれない子どもはいます。するといち早く遺伝子検査をしてそういう子どもを発見し、まわりが支援するという未来を想像する人もいるでしょう。ただ一般知能だけでどんなダークサイドに陥るか、それどころかそもそもダークサイドに落ちるかどうかを予測することは原理的に不可能だと思います。実際はその子がそれまでにどのような具体的な経験を経て知識を獲得し、さらにどんな状況、つまり非共有環境に偶然出くわすかという、ほとんど無限ともいうべき可能性の組み合わせによって、そのような「見たくない結果」につながるわけですから。見たいものは一般的な基準から見てわかりやすいけれど、見たくないものは多種多様で、出てきてみないとわからない。

なぜ先進国で知能の遺伝率が上がっているか

橘　知能テストの結果はＩＱつまり知能指数として、中央値を１００とした相対的な値で表わされるわけですが、その得点は時代を経るにつれて上がっているという研究があります。ＩＱに実体がない証拠だといわれた時期がありました。

安藤　ジェームズ・フリンの発表した、いわゆる「フリン効果」ですね。僕も最初に聞いたときは懐疑的でしたが、知能テストには過去のテストで使われていたのと同じような項目が必ず入っていて、そうした項目を基準にして、絶対尺度上で知能のスコアの変化を見ると、得点が一貫して上昇しているのは確かなようです。

橘　フリン効果に対しては、学校教育が普及したからだとか、栄養状態がよくなって、それが知能に反映しているのだという解釈があります。

安藤　教育や栄養状態だけで一貫したＩＱの上昇を説明できるかは疑問です。それよりも、現代社会ではあらゆる分野で抽象的な情報処理が必要になってきており、学校だけでなくメディアや社会生活のなかでも日常的にそうした思考法に触れることによって、集団全体の知的スコアを押し上げているのではないでしょうか。昔に比べて、煩雑な書式に従って申請書を書くとか、確定申告で税金を計算するなどの情報処理作業が圧倒的に増えていることは間違いありません。おかげさまでこのたび定年退職を迎えましたが、年金の計算の仕方なんか、説明を読んでも聞いても、いまだにさっぱり理解できません（笑）。

橘　知能だけでなく、先進国では遺伝率そのものが上がっているという指摘もありますよね。例えば、ノルウェーの大規模な双生児データを使った１９８５年の研究では、知能の遺伝率が上昇していることが報告されました。

第二次世界大戦前（１９４０年以前）に生まれた男女では、大学進学などの教育達成度における遺伝的な影響が41％、環境の影響が47％でした。同じ手法で主に戦後（１９４０年から61年の間）に生まれた女性について調べると、遺伝的な影響は41～50％、環境の影響は38〜45％で大きな違いはありません。ところが、同じ40年から61年の間に生まれた男性では、遺伝的な影響が67〜74％に上がり、環境の影響は8〜10％までに下がっていた。

私の理解では、第二次世界大戦前のノルウェーは身分制社会を引きずっていて、男女とも教育程度は生まれによって決まっていた（環境の影響が大きかった）。ところが戦後になると、貧しい家の男の子でも金持ちの子どもと同じように学校に通えるようになり、教育達成度の遺伝率が大幅に上昇した（環境の影響が小さくなった）。一方、女性はまだ平等な教育機会が与えられていなかったので、遺伝率は戦前と同程度にとどまった。

遺伝率は集団内でのばらつきをどの程度説明できるかの指標ですから、状況が変われば遺伝率もそれに応じて変動するということでいいでしょうか。

安藤　はい、環境によって遺伝率は変わります。例えば、喫煙や飲酒の習慣についての遺伝率は40〜60％という結果が出ていますが、田舎と都会、未婚と既婚で異なります。もし時代とともに遺伝率が上がったのが本当なら、それはひょっとしたら環境のほうのバリエーションが小さくなった、つまりみんなが同じ環境にさらされるようになったことの反映かもしれません。この間のメディアの普及なんかを考えると、ありうるかもしれませんね。

橘　だとしたら、遺伝率とＳＥＳ（社会経済的地位：Socio Economic Status）の関係も同じように説明できますか。

SESは就学年数や収入、職業から算出した個人や世帯の社会経済状況の指標ですが、行動遺伝学者のタークハイマーは、SESが高いほど遺伝率が高くなり、SESが低いと遺伝率も低くなると述べています。豊かになるほど生得的な潜在能力を発揮しやすくなるから遺伝率が上がり、貧しいといろいろな面で環境の制約を受けやすくなるから遺伝率が下がると考えれば納得できます。

安藤　基本的にはそうだと思います。トルストイの『アンナ・カレーニナ』には、「幸せな家族はいずれも似通っている。だが、不幸な家族にはそれぞれの不幸なかたちがある」という有名な文章があります。豊かな家庭だと子どもは自分の好きなように環境を選べますから、遺伝的素質が発現しやすくなる。一方、豊かでない家庭では、教育を重要だと考えている親なら少ない収入から子どもに投資するかもしれませんが、そうでない親は、学校に通わせるより家の仕事をさせようとするかもしれない。家庭環境の特質がストレートに出やすくなり、その結果、遺伝率が下がるわけです。

学業成績の遺伝率とSESの関係を調べたタークハイマーの研究では、もともとアカデミックモティベーション（学習意欲）をもっている人は、SESが高いと、その意欲が刺激されるとの結果も出ています。逆にSESが低いと、学習意欲があってもそれを実現することが難しい。そのためSESが高いほど学習意欲も学業成績も遺伝率は高くなっています。

橘　社会がリベラルで豊かになるほど、あるいは貧しい家庭よりも豊かな家庭ほど、遺伝率が上がっていくということですね。遺伝率が固定したものではないということは、とても重要だと思います。

知能・収入の遺伝率と年齢との関係

橘　行動遺伝学の知見でもう一つ驚いたのは、知能の遺伝率が年齢とともに上昇していくことです。これはどう解釈すればよいでしょうか。

安藤　前提として、知能は確かに年齢によって遺伝率が上がるのですが、上がらない心理学的形質のほうが一般的です。例えば、パーソナリティについても年齢に応じた調査結果がありますが、遺伝率は変わっていません。ただし、青年期から成人初期にかけての問題行動や社会的態度にも遺伝率の上昇は見出されています。

知能の遺伝率が年齢とともに上がるのは20歳くらいまでで、その先、遺伝率の上昇はフラットになっていきます。幼児期は親の育て方や家庭環境の影響が比較的大きく、遺伝の影響が顕在化していませんが、成長するにつれて自分の遺伝的素質に合わせて環境を選択したり（遺伝と環境の能動的相関）、友人やまわりの大人がその子の性質や能力に合わせた関わりをするようになる（遺伝と環境の誘導的相関）機会が増えることで、本来の遺伝的な素因が前面に出てくるのではないかと思います。これも行動遺伝学が常識を覆した重要な発見ですね。ふつうは成長すればするほど学校や社会からさまざまな刺激を受けて、環境の影響が大きくなると考えますから。でも実際には、そうではなくて成長とともに遺伝が顕在化する。学習経験は遺伝的素質をあぶりだしてくれるものなんです。

橘　学校や塾の教師なら、小学校のときに一生懸命勉強して難関中学に入った子どもが、中学になると、たいして勉強ができなかった子どもにどんどん追い越されていくことをよく知っています。後者は一般に「地頭がいい」といわれますが、成長とともに遺伝的な資質が現われてくると考えれば納得できます。

安藤　教育の現場にいる者にとっては、それは常識になっているのではないでしょうか。みんな表立って言わないだけで。

橘　「教育幻想」を壊したくないんですね（笑）。知能の遺伝率が成長とともに上昇していくということから、「なぜ親は幼児教育（お受験）に夢中になるのか」も説明できそうです。幼児期は遺伝より環境の影響のほうが大きいから、親の努力が結果に結びついて報われやすい。ところが思春期を過ぎると、本来の遺伝的な資質で成績が決まり、子育ての努力は報われなくなる。

安藤　おっしゃるとおりです。ですから早期教育とか英才教育に親が過熱することを非常に危惧しています。鉄は熱いうちに打てといいますが、相手は打ったとおりの形になる鉄ではなく、形状記憶合金のように、遺伝子の導く形にだんだんと近づいていくんです。もちろん子どもの頃からよい文化に触れさせることの重要性は強調してもしすぎることはありません。しかし他の子より一足早く学ばせて優位なポジションに行かせようとか、あるいは他の子より出遅れるとかわいそうだから早くから学ばせようという趣旨だとすると、必ずしも報われないことがあることは覚悟しておく必要があるでしょうね。そういった個人差の半分は環境ではなく遺伝も関わっているわけですから。

エピジェネティクスも遺伝の影響を受ける

橘　これまで、遺伝はコンピュータのプログラムのようなもので、いったん設定されたら生涯にわたって変わらないと考えられてきました。しかし現在では、遺伝と環境は相互作用し、遺伝子が環境（人生）を変えるように、環境も遺伝子の発現のしかたを変える動的な関係にあることがわかってきました。

DNAメチル化では、なんらかの環境圧力によってDNAがメチル基によって「修飾」されると、遺伝子が発現するスイッチのオン・オフが切り替わる。これが「エピジェネティクス（遺伝の後天的変化）」で、遺伝学におけるブレークスルーとして一時期、大きな注目を集めました。「エピジェネティクスによって行動遺伝学は否定された」という過激な意見もありましたが。

安藤　確かに最初にエピジェネティクス研究を知ったとき、エピジェネティクスこそが行動遺伝学でいう非共有環境の正体かもしれないと思いました。ＤＮＡレベルで同一の一卵性双生児すらエピジェネティクレベルでは違うわけですから。脳神経系のネットワークの基本はまったく同じだとしても、エピジェネティクな変化の違いで学習の結果が変わってくることはありえるだろう、と。

行動遺伝学の根本的な考え方が脅かされるとまでは思いませんでしたが、遺伝と環境に関する見方が変わるかもしれないと感じたことを覚えています。これは、この分野に触れた生物学者の誰もが期待したことだったと思います。

実際、ふたご研究の分野でもエピジェネティクス的な視点からの論文が膨大に出されるようになりました。ただ、これらの論文をメタ分析してみても、従来のふたご研究の結果との差が安定して見られるとまではいえないようです。疾患に関してはエピジェネティクな変化が影響を及ぼしているという報告もありますが、ＩＱなどの認知能力に関してはＧＷＡＳを用いたものと違いが見られません。

橘　エピジェネティクスの効果は巷間いわれているほど大きくないということですか。

安藤　いえ、エピジェネティクス自体の重要性はそのとおりなんですが、それ自体が遺伝子によってシステマティックに支配されているか、反対にランダムといっていいほどシステマティックでなく、期待したような、「こういう環境の刺激があればこういうエピジェネティクスを引き起こして適応的に変化する」というような現象がほとんど見つからないということです。

エピジェネティクスによる変化を、一卵性双生児と二卵性双生児で比較すると、一卵性双生児のほうが類似性が高くなります。行動遺伝学のモデルを使って、遺伝、共有環境、非共有環境に分けてみると、普通の表現型を分析したときに得られる結果と同じ一般的なパターン、つまり遺伝の影響と非共有環境であらかた説明でき、共有環境の影響はほとんどないという結果が出てきます。つまり、遺伝子配列の修飾もまた遺伝の影響を受けていて、エピジェネティクスによって非共有環境のすべてを説明することはできない、ということです。

「エピジェネティクなメカニズムがあるから、人間は遺伝には縛られない。重要なのは環境なのだ」というストーリーを描きたい人もいるとは思います。しかし、もともとの遺伝子配列の違い、つまり遺伝的な個性の違いがまずベースとしてあり、その発現の仕方を変えているのがエピジェネティクスです。最初の遺伝子配列が異なれば、エピジェネティクスが生み出す結果も違ってくるのは当然です。

橘　ある環境の圧力があったとしても、それによって遺伝子が修飾されるかどうかは、遺伝の影響を受けている。もしも遺伝的に修飾されにくいのなら、環境を変えたところで変化はない。一方、遺伝的に修飾されやすいなら、わずかな環境の変化でも違いが生じる。その結果、エピジェネティクスの効果は従来の行動遺伝学の知見のなかに収まってしまうということですね。

安藤　醤油にみりんをちょっと足すとすき焼きのたれに、出汁をちょっと足すとそばつゆになりますが、元が酢だったら何かを足してもぜんぜん違う味になりますよね。遺伝子型が違うというのは、人によって醤油か酢かの違いがあるようなものです。考えようによっては、すき焼きのたれとそばつゆはぜんぜん違うという意味で、エピジェネティクスも重要だとはいえますが。

ラットの実験を人間に適用できるか

橘　１９９０年代末にカナダ、マギル大学の神経科学者マイケル・ミーニーが行なった有名なエピジェネティクスの実験があります。母ラットからなめられたり毛づくろいされたりした経験のある子ラットは、そうでない子ラットに比べてストレスホルモンのレベルが低く、勇敢で大胆に育ち、環境にもうまく適応した。さらに、その子ラットから生まれた子どもにも、同じ形質が引き継がれたとされます。

安藤　「だから子どもは愛情をもって育てなければならない」という結論になる。その話はずいぶん聞きました（笑）。

橘　でも、よく考えてみると、この解釈はおかしいですよね。そもそも母ラットが子どもをなめるのが「愛情」かどうかは、誰も検証できていません。母ラットの行動を見た研究者が、ラットを擬人化して、それを愛情だと一方的に決めつけているだけです。

でもより重要なのは、母ラットの行動が環境への適応として説明できることです。母ラットが子ラットにじゅうぶんな毛づくろいができるのは、天敵のネコがいなかったり食料がたくさんあるなど、安全で豊かな環境のときですよね。すると子ラットは、それをシグナルとして活発な探索行動をするようになる。

逆に、母ラットが子ラットを毛づくろいできないのは、ネコがたくさんいる危険な環境だからかもしれない。この場合は、子ラットは毛づくろいされないことをシグナルとして、神経症的傾向を高め、常にビクビクするようになる。このほうが生存確率が上がるからです。

ラットの寿命は人間に比べてずっと短く、2、3年で世代交代していくので、その間に環境が大きく変わるとは考えにくい。だとしたら、子ラットや孫ラットにその形質が引き継がれるのは進化の仕組みとして合理的です。

問題は、それが人間に当てはまるかどうかですよね。「子どもは愛情をもって育てなければならない」という結論が先にあって、それに合うように実験の解釈を歪めているようにも思えます。人間でもラットと同じようなエピジェネティクな変化が起きているというエビデンスはあるんですか。

安藤　マイケル・ラターが報告したチャウシェスク政権時代のルーマニアの子どもの体重の研究はそれにあたりますね。再現性はいまいちですが、ありうるかもしれません。ただこれまでに報告されているヒトのエピジェネティクスのケースは、いずれも生死に関わるような極端にストレスの大きい環境下でのものです。ラットの場合もそうですよね。父親がムキムキにボディービルをやったら子どもも孫も何もしないで筋肉質になるとか、母親が特訓に特訓を重ねてバレリーナになったから、その孫までバレエの素質が伝わったとか、そんなことはおそらくありえないと思います。

「愛着理論」の信ぴょう性

橘　エピジェネティクスの話ではないのですが、もう一つ疑問に思っているものに日本でも人気のある「愛着理論」があります。イギリスの精神分析家ジョン・ボウルビィが提唱したもので、1歳頃までに母親との間に愛着（アタッチメント）を形成できなかった子どもは心理的に不安定になり、その後の人生で心身の不安定や行動障害をもたらすとされます。

安藤　発達心理学では、愛着理論はある種の経典のように扱われていますよね。

橘　愛着理論の元になっているのは、アカゲザルの乳児を母親から引き離し、針金でつくったワイヤーマザーと、体温に近い柔らかな布でつくったクロスマザーの「代理母」で育てるという古典的な実験です。すると子ザルは、ワイヤーマザーに哺乳瓶が取り付けられているにもかかわらず、クロスマザーを好んだ。ワイヤーマザーからは愛着を得られないからだと説明されますが、たんに針金が不快だったと考えたほうが自然です。この子ザルが実際に愛着を形成したかどうかは検証されていないし、仮にそうだとしても、その結果が人間の子どもにそのまま適用できるかどうかが調べられたわけでもない。

その代わりにボウルビィは、発達心理学者メアリー・エインズワースと行なった「ストレンジ・シチュエーション（慣れない状況）」の実験で、「幼児期の母子の愛着が人格形成に決定的な影響を与えることを証明した」と主張しました。[★15]

この有名な実験では、被験者となる母親が研究室に生後12か月の子どもを連れてきます。しばらく母子でともに遊んだあと母親が部屋からいなくなり、子どもは見知らぬ大人と部屋で遊ぶか、一人で残される。これが「ストレンジ・シチュエーション」で、しばらくすると母親が戻ってくるので、そのときの子どもの反応を観察します。

ボウルビィは母親との再会の様子によって、子どもを二つのグループに分けました。一つは、戻ってきた母親にときには泣きながら、ときにはうれしそうに駆け寄って抱きついたりする「安定群」で、60％の子どもがこのグループに入りました。残りは母親が戻ってきても気づかないふりをしたり、母親を叩いたり、床にうずくまって動かなかったりする「不安定群」の子どもたちです。

ボウルビィは、安定群と不安定群の子どもの違いは母親の子育てによって決まり、親からのしっかりとした反応＝愛着を受けた乳児は、1歳になる頃には自立心が強く積極的になり、就学前の時期には自立心旺盛に育つと主張しました。親からの温かく敏感なケアは、子どもが外の世界に出てゆけるための「安全基地」になるというのです。

その一方で、母親が子どもに対して突き放した態度をとったり、葛藤や敵意を抱えていたりすると「不安定群」の子どもに育ち、学校や友だちとうまく適応できなくなるとも主張しています。退学率や反社会的傾向が高かったり、将来の収入が低いなど、「幼少期の愛着関係が与える精神的な効果は一生つづく」というのです。

でも、子どもを育てたことのある人（母親はもちろん父親でも）なら、ボウルビィの「安定群」と「不安定群」の解釈に違和感を覚えるのではないでしょうか。「慣れない状況」に置かれた1歳児が母親との再会で泣いたり喜んだりするのは当たり前で、母親が声をかけても無視したり、床にうずくまったまま動かないというのは尋常ではありません。いまなら真っ先に発達障害が疑われるでしょう。

もしそうなら、「不安定群」とされた子どもが社会的関係をうまくつくれなかったり、特別教育を受けるように勧められたり、高校を中退することになったとしてもなんの不思議もありません。「母親の子育てが悪いからだ」などと言わなくても、遺伝的要因（自閉症やADHDの遺伝率は80％以上）だけで説明できてしまいます。

そもそもこの愛着理論は、「パーソナリティ形成に共有環境の影響がほとんど見られない」との行動遺伝学の知見と整合性がありません。しかしこれによって、障害のある子どもを抱えて苦しんでいる母親が、「愛情が足りないからだ」と批判される状況を招きました。

安藤　母親を責めてはいけないのはその通りですが、じつは乳幼児期の愛着だけは、非常に例外的に遺伝の影響が認められず、共有環境の影響が大きいんです。ポストホック（後付け的）な解釈ですが、そのころはまだ親の接し方に子どもが従って反応せざるを得ないからではないかと思います。でも青年期以降の愛着には共有環境は消えて遺伝の影響が表われるので、乳幼児期に共有環境によって不安定な母子関係が築かれていたとしても、成長してから尾を引くわけではありません。

橘　なるほど。「幼児期には母親の態度で子どもとの愛着が形成されるが、それは人格形成に影響を与えない」ということなんですね。

後天的な変異は引き継がれるのか

橘　エピジェネティクスに話を戻しますが、人間でも環境による後天的な遺伝的変異が子どもにまで引き継がれることを証明した研究はあるんですか？

安藤　２００３年に、虐待経験が反社会的な行動に及ぼす影響についての研究が発表されました。「ＭＡＯ-Ａ遺伝子」の活性度が低い人が、ストレス度の高い環境に置かれると反社会的な行動が強く出て、ストレス度が低ければ出てこないという結果でした。遺伝と環境の交互作用の有名な例ですが、同様に環境が遺伝の発現の程度を調整するという事例は数多くあります。

橘　ＭＡＯはモノアミン酸化酵素で、ＭＡＯ-Ａには活性度が高いタイプと、低いタイプがある。これにはヒト集団による違いがあって、ニュージーランドのマオリ族は61％が低活性型で、白人は33％だということで、「戦士の遺伝子」と呼ばれました。この研究は遺伝子と暴力性を関連づけたとしてかなりの批判を浴びましたが、その後、MAO-Aが高活性型の子どもは素行障害などが少なく、低活性型の子どもは、遺伝と環境の交互作用によって反社会的な行動を引き起こすことがわかってきたんですね。

安藤　MAO-Aの多型についても、モノジェニックな遺伝的変異だけで暴力や反社会的行動が説明できるのか、という疑問は当然あります。この遺伝的多型についてはかなりの研究の蓄積がありますが、仮にそうだとしても、ある形質が次世代へエピジェネティクに伝達されることを示したものではありません。

橘　特定の遺伝的変異をもっていると、環境によって遺伝子発現のスイッチがオンになったり、オフになったりするというだけのことですね。

安藤　はい。反社会的な素因をもっていたとしても、それが環境によって出ないこともあるという話なので、エピジェネティクスを持ち出さなくても説明できてしまいます。

橘　人間の場合、子どもを産めるようになるまで20年くらいはかかるので、その間、周囲の環境は大きく変わってしまう可能性がある。だとしたら、ある環境に適応した形質を子や孫に引き継いでいく進化的なメリットがあるのか、疑問が残ります。ラットの「愛情」が典型ですが、「親の愛情がすべて」という都合のいい結論に誘導するために、動物実験の結果を恣意的に解釈して無批判に人間に当てはめたのではないか。そのことにみんな気づくようになって、エピジェネティクスが以前ほど話題にならなくなったのではないですか。

安藤 依然として重要な研究領域であることは間違いありませんが、当初期待されたストーリーが描けなかった、という意味ではそうですね。

環境要因から病気の発現を防ぐ

橘 エピジェネティクスに否定的なことばかり言いましたが、まったく同じ遺伝子をもつ一卵性双生児の研究で、片方が病気になって、片方が健康だった理由をエピジェネティクスで説明できたら、医学に対する貢献は大きいですよね。どうすれば病気にならないかを、環境要因である程度、制御できるわけですから。

安藤 大阪大学のツインリサーチセンターでは、遺伝子サンプルや脳のＭＲＩ（磁気共鳴画像）、ＭＥＧ（脳磁図）、生体試料を集めて、そのためのデータベースをつくっています。ただ、同じ遺伝的素因があったとして、「こういう環境だと発病する」「こういう環境を避ければ病気を防げる」という安定的な結果は出ていません。一つひとつの環境要因の効果量はきわめて小さいので、一貫した結果を導き出しにくいのです。

橘 「バナナを食べるとがんになりにくい」という効果が仮にあったとしても、その効果量が０・１％だった場合、病気になるかどうかは、それ以外の要因を何千個も組み合わせた結果なので、何が本当の原因かわからないということですね。

安藤　まさにそういうことです。

橘　ただ、統合失調症などは遺伝の影響がかなり大きいことがわかっています[★16]。一卵性双生児の一人が統合失調症で、もう一人にまったくその傾向がないということはありませんよね。それでも、「発症する」と「傾向がある」とでは、ＱｏＬ（Quality of Life：生活の質）が大きく変わるでしょう。「統合失調症の発症を抑えるには、こうすれば効果があります」とアドバイスできれば、救われる人はたくさんいるでしょうが、まだだいぶ時間がかかりそうですか。

安藤　最近のポリジェニックスコア研究の動向を踏まえると、サンプル数が増えれば、ある程度のことは言えるようになりそうです。お金と手間さえかければ、技術的にはいずれできるようになるのではないでしょうか。

これは僕の空想ですが、量的に意味のわかっている遺伝子の効果量を単純に積みあげるのではなく、質的なものも組み合わせて積みあげることができれば、より効率的に要因を見つけられるようになるかもしれません。

つまり、ある遺伝子が何をしているのかわからなくても、脳の活動状態だとか時間的な変化だとか、さまざまな情報を加味して因果関係を探していくのです。それでも大変であることに変わりはないのですが。

橘　それは、喫煙と肺がんの関係のように、効果量が大きな要因はほぼ発見しつくされてしまったということですか。

安藤　そういえると思います。アルコール代謝に関わるＡＬＤＨ２遺伝子のように、単独の遺伝要因であればすぐ見つけられるのですが、ほとんどはポリジェニック、つまり多数の遺伝子が複雑に絡み合っていますから。

橘　乳糖耐性やアルコール代謝のように効果量が大きい遺伝子が見つかると、メディアは「これですべて説明ができる！」と沸き立ちますが、現実はそんなに簡単ではないんですね。

安藤　大半の行動遺伝学者はそういう世界観になっていると思います。ただ、いわゆる行動遺伝学者ではありませんが、パーソナリティについて研究しているロバート・クロニンジャーは遺伝子の交互作用を計算する独自のアルゴリズムを開発していて、それによって遺伝的なバリエーションを説明できるという論文を発表していました[★17]。まだ何とも評価できませんが、面白い試みだと思います。

遺伝率100％社会の条件

橘　リベラルな人たちは一貫して「遺伝決定論」を批判してきましたが、よく考えるとこれは逆ですよね。先に述べたように、ノルウェーでは社会がリベラルになるにつれて遺伝率が上がっていった。男女平等になるほど性差が拡大するとか、[18]豊かな国では数学の平均得点が高いと同時に、成績に顕著な性差がある（男のほうが成績がいい）[19]という研究もあります。相対的に男は数学・論理的知能が高く、女は言語的知能が高いので、社会がより自由になることで遺伝的な能力を発揮できるようになったからだとされます。

知能にせよその他の能力にせよ、持って生まれた能力を社会のなかで最大限発揮できることが、「自分らしく生きる」ということです。それを阻むのが「環境」なのだから、リベラルの理想が実現した暁には、生まれや育ちのような環境の違いはすべてなくなり、遺伝率は100％になるはずです。

安藤　じつは、僕も1997年に養老孟司さんと対談した頃[20]から、同じことを思うようになりました。本人の素質ではなく環境だけで収入が決まってしまう社会をユートピアとは誰も言いませんよね。

ただ、「遺伝率100％社会」を目指すなら、すべての人がきちんと生きていけることが前提です。知能が高くなくても居場所があって、食べていくことができ、自尊心も満たされる。そうした条件が満たされてはじめて、遺伝率100％社会を実現できるわけです。

つまり、個人のもつ遺伝的素質が自然に発揮されたときに、その人自身が幸福を感じられ、なおかつその状態を安定的に維持できる社会こそ、行動遺伝学的に理想的な社会ということです。

橘　問題は、遺伝的な特質のなかで、ある表現型を高く評価し、別の表現型を嫌ったり排除したりする社会の構造だということですね。ただ、「美しい」とか「醜い」といった価値観は人類の文化の根底にあって、容易に変えられないし変えたくないので、ネガティヴな形質の遺伝から目を逸らして遺伝そのものをタブーにしている。

安藤　そうですね。一般の人は、「遺伝」という言葉に、行動遺伝学者の用法よりもはるかに決定論的なイメージをもっているので、どうしてもそうなりがちです。ある病気について遺伝的な要因をもっていたら、100％発病して深刻な状態になると考えてしまう。

統合失調症に関連した遺伝子をもっているからといって、全員が発症するわけではありません。しかし、それをもって統合失調症は遺伝性ではないと言ってしまうのは、やはり欺瞞でしょう。科学的な議論をするためには、遺伝に関するリテラシーをもうすこし上げてもらう必要があります。

行動遺伝学の知見が求められている

橘　じつは欧米でも、1950年代から70年代までは、統合失調症のような精神疾患や、ASD（自閉症スペクトラム障害）などの発達障害は家庭環境が原因だといわれていました。ナチスの優生学への反省もあって遺伝的な要因を否定したかったのでしょうが、家庭環境で発病するということは、親の責任ということです。その結果、愛情をもって子どもを育てているごく普通の母親が、「冷蔵庫マザー」などと無茶苦茶な非難を受けることになった。日本でもヨーロッパかぶれの文系知識人だけでなく、精神科医のなかにすらこうした「反精神医学」を高く評価する人がいましたが、ほんとうに残酷だと思います。

安藤　凶悪犯罪が起こったときも、犯人の親がどういう子育てをしたかという記事が必ず出てきます。ただ、いまの科学でいえるのは、人間のあらゆる行動は、いくつもの要因が複雑に絡み合った結果だということ。そのうち一つの要因だけを取り上げて、「これが決定的な原因だ」と言い切っても、外れるのは当たり前です。

精神病や反社会的な傾向についても、遺伝の影響はあったとしても、それ以外の要因とうまく向き合えば悪影響を軽減できるかもしれない。そう考えてもらえるといいのですが、科学的な訓練を受けていない人はもちろんのこと、一人前の科学者ですら、単純な因果律に基づいて物事を考えてしまいがちです。

僕はこれを人間のワーキングメモリの処理容量の小ささがもたらす必然なんじゃないかと思っています。複雑なことを複雑なままで理解できるほど、われわれの脳は賢くないんです、たぶん。だから人間の脳は、複雑な事象を単純なストーリーに落とし込んで理解せざるを得ないんでしょう。

橘　人間社会における問題のほとんどは、脳が複雑なことを考えるのが苦手、ということから起きているのかもしれませんね。

安藤　性自認、つまりジェンダー・アイデンティティが生物学上の性とズレていることについても、「親の育て方が悪い」「子どもの頃から女装して遊んでいたのが悪い」と非難されることが多いですよね。一方、「性自認には遺伝要因が大きい」と説明されることで救われた、という話もよく聞きます。

橘　保守もリベラルもいい加減で、アメリカの保守派は「白人と黒人のIQが違うのは遺伝だ」と言いながら、子どもが同性愛者になるのは子育てが悪かったのだから「治療」できると主張します。一方でリベラルは、知能が遺伝するなんてとんでもないと言いながら、性的指向や性自認はすべて遺伝で決まると言う。これでは、両者のあいだで合意が成立するわけがありません。

安藤　まったく都合のよいところだけつまみ食いしていますね。

橘　社会がどんどん豊かになっているときはみんなハッピーだったので、真実がどうであれ世の中はうまく回っていました。いまは社会が複雑化して経済格差が拡大し、とてつもない富をもつ超富裕層が登場すると同時に、貧困に苦しむ人や、生きづらさを抱える人がたくさんいる。

遺伝の影響を無視しては、現代社会で起きている事態を説明できません。こうして嘘の綻(ほころ)びが、誰の目にも明らかになってきた。だからこそいま、行動遺伝学の知見が求められているのだと思います。

第3章

遺伝と環境のあいだ

「親ガチャ」の影響はそれほど大きくない

橘　行動遺伝学では、個人差を遺伝、共有環境、非共有環境で説明するわけですが、この章では、そのうち共有環境、非共有環境について掘り下げてお聞きしたいと思います。それぞれがいったいどういうものなのか、あらためて詳しく説明していただけますか。

安藤　まず共有環境というのは、遺伝以外で家族を類似させている要因です。家族には、きょうだいだけでなく親子などの同居している血縁者を含みます。これに対して、非共有環境は家族を異ならせている要因を指します。

ふたごのきょうだいの一方のＩＱともう片方のＩＱのように、ペアになった二つの変数が完全に一致している場合、相関係数は1、まったく関係がない場合は0になります。ある集団のＩＱについての調査結果で、一卵性双生児の相関係数が0・73、二卵性双生児の相関係数が0・46だったとしましょう。一卵性双生児ペアのＩＱが完全に同じであれば、相関係数は1になるはずですが、実際は1に0・27だけ足りない0・73だった。つまり27%だけ似てないわけです。これは遺伝子が同一、育った家庭環境も同一の一卵性のきょうだいにもかかわらず、共有されていないものがあること、言い換えればペアのふたりを似させないようにしている何らかの非遺伝的な要因があることを示しています。これを非共有環境と呼んでいます。

非共有環境は一卵性だけでなく二卵性にも同じように関わっていると考えます。一卵性双生児の類似性0・73には、遺伝と共有環境の両方が関わっています。遺伝の寄与率をx%、共有環境の寄与率をy%とすると、$x + y = 0.73$となります。二卵性双生児については遺伝の寄与率は一卵性双生児の半分と考えられますから、$0.5x + y = 0.46$です。この連立方程式を解くと、$x=0.54$、$y=0.19$となり、類似性0・73は遺伝54%、共有環境19%に分解されます。このように一卵性双生児と二卵性双生児の相関係数のデータさえあれば、どんな対象でも遺伝と環境の割合を出すことができるわけです。

橘　その意味での共有環境、非共有環境は、何か具体的な環境のことを言っているのではなく、あくまでも統計的に導出されるものですよね。共有環境や非共有環境の中身については、別途個別に調べる必要があるという理解でよいですか。

安藤　そうです。共有環境であれば、例えば親の読み聞かせや家庭の蔵書量、どれだけ片付けをさせていたか、決まった時間に起床していたか、といったことを具体的に調べて、それぞれの効果量を算出する必要があります。非共有環境を調査する場合も同じです。

橘　何かわかりやすい例はありますか。

安藤　頑健な結果が出ているものが、いま申し上げた学業成績と家庭環境、とくにきちんと秩序だった生活が営まれているかという側面や子どもへの読み聞かせです。きちんとした生活とは、家がよく片付いているとか、落ち着いて静かな時間を過ごすことができるとか、日常のルーティンをきちんとこなせているかというような特徴ですね。これらは５％くらいの寄与率があることが示されています。[21]

またいわゆるＳＥＳ（社会経済的地位）はオールマイティな環境変数ですので、学業成績のみならず、幸福感、反社会的行動、心身の健康などいろんな形質と有意な相関関係があります。特に学業成績に関しては、双生児法で遺伝要因を統制しても15％から30％くらいの寄与率があります。[22]

ただポリジェニックスコアが出せるようになって、ＳＥＳで説明されていた共有環境の影響もそのうち半分くらいは遺伝で説明できそうなことが見えてきました。[23] つまり、共有環境としてのＳＥＳの影響の正味は10％もないということになります。遺伝子一つひとつの効果量が小さいのと同じように、一つひとつの環境要因の効果量も、じつはそれほど大きくない。結局、たくさんのチリが積もって山になっているのです。

橘　もともと共有環境の影響は大きくないのに、そのうちの半分くらいは、じつは遺伝で説明できるかもしれない。日本でも親の収入が子どもの人生に決定的な影響を与えるとされ、〝親ガチャ〟などといわれますが、その影響がかなり限定的だというのは、貧しい家に生まれた子どもにとっては勇気づけられる結果ですね。

「学歴の不平等」の真実

橘　タークハイマーは「行動遺伝学の3原則」の2番目として、「同じ家族で育てられた影響は遺伝子の影響より小さい」を挙げています。これは、親と子は似ているけれど、似ている理由の大半は遺伝であり、子育てなどの共有環境の影響はじつは些細なものだと理解しました。これで合っているでしょうか。

安藤　基本的にはそのとおりです。

橘　安藤さんは『能力はどのように遺伝するのか』で、「能力」を「学習性の心的機能」とし、それに対して「生まれつき」「天性」「素因」などと呼ばれるものは「非学習性の心的機能」で、「非能力」と呼ぶべきものだと書かれています。そして、二卵性双生児のパーソナリティの相関係数が一卵性双生児の半分になることから、「パーソナリティには共有環境は働いていない」と述べている。

ポルダーマンのメタ分析（54ページの表2）を見ても、「ストレスと適応障害」「パーソナリティ／行動障害」などパーソナリティに関わる障害の共有環境は0％で、「やる気（0％）」「集中力（2％）」なども低く、社会行動のうち「仕事と雇用」「親密な関係」などにも共有環境の影響はありません。これは、どのような知識を獲得するのかが影響する「能力」には子育ての効果は一定程度あっても、「生まれつき」である性格＝パーソナリティは子育てでは変わらないと理解していいですか。

安藤　一般常識からすると受け入れがたいかもしれませんが、おっしゃるとおりなんです。

橘　その能力にしても、一般に思われているより共有環境の影響は小さく、「計算」は13%、「認知」は18%、「言語」でも「22%」です。言語は「読み聞かせ」など親の影響が圧倒的に大きいと思われていますが、遺伝率は46%ですから、生得的に言語的知能が高い子どもが物語に興味をもち、親に読み聞かせをねだるという因果関係のほうが大きそうです。実際、ハーデンは『遺伝と平等』で、「子どもの言語能力は親の読み聞かせで決まる」という信念が、子どもの言語的な発達が遅れている、とりわけ黒人など人種マイノリティの親への暗黙の批判につながっていることを指摘しています。

それにもかかわらず、日本でもほとんどの人は、学業成績と家庭の経済状況に強い相関関係があると思っていますよね。お金持ちの家の子どもは塾にも通えるし、家に本もたくさん揃っているから、勉強ができるようになる。それに対して、貧しい家の子どもはそういうものが与えられないから、勉強ができない。このように、SESで学歴の不平等が説明できるなら、わかりやすいストーリーになります。

しかし、行動遺伝学の知見が示すように、パーソナリティだけでなく能力においても子育ての影響は小さく、遺伝の影響が大きいとなると、「経済的に成功したのは親の知能が高いから。子どもの学業成績がよいのは、その知能が遺伝したから」ですっきり説明できてしまう。でもこういう話をすると、みんなとても嫌な顔をする。

安藤　私だって嫌な気持ちになります。半分欺瞞とわかっていながらいつも言うんですが、これは私が言ってるんじゃなくて、データが言っていることなんですよね。

経済状況のように、ある意味、とてもわかりやすい要因が学業成績と関連していたら、それは当然、貧しいという環境が学習機会を奪ってしまったために成績がよくならないんだと考えますよね。それももちろんあります。しかしそれだけじゃない。複雑な社会現象を科学的に語るときに重要なのは、このような「わかりやすいストーリー」に単純化してしまわないことです。複数の要因があれば、それぞれの効果量をきちんと数字で見ていく必要があります。

ふつう社会学や心理学は表現型のデータしか手に入れることができないので、それだけでストーリーを描かざるを得ません。しかし行動遺伝学では、双生児という遺伝条件が統制されたデータを用いる。こういう研究をわれわれは「遺伝に敏感な（genetically sensitive）」とか「遺伝情報を与えてくれる（genetically informative）」研究と呼んでいます。

行動遺伝学の論文では、遺伝率、共有環境、非共有環境のそれぞれの割合だけでなく、共有環境や非共有環境の個別の要因の効果量も具体的な数字で示すことができます。ところが、これも一般に広がっていく過程で、一つの要因ですべてを説明するというシンプルなストーリーになってしまいがちです。

僕が学業成績について行なった研究[★24]では、親が子どもに対して「本の読み聞かせをする」など、しつけの効果を測定しました。結果は遺伝率が50％に対して、しつけの影響は5％程度でした。ただ、これを5％しかないと見るか、5％はあると見るかは、捉え方の問題でしょう。同じような要素、例えば「勉強しろと言う」のように5％くらいあるものをたくさん積み上げていけば、遺伝には匹敵しないもののかなりの効果を出せると楽観的に考えることもできます。

努力の積み重ねで遺伝を超えられるか

橘　でも、世の中の「子育て産業」はその数パーセントを針小棒大に、まるで子育ての影響が7割、8割であるかのように宣伝しているわけですよね。それを多くの人がありがたがって、多額のお金を払っているのが現実です。

安藤　科学ジャーナリズムの問題かもしれませんが、ダイエットや食事にしても同じようなことが言えますよね。××を食べると痩せるとか、○○を食べるとこういう効果があるとか……。

食べ物を調べた研究論文はたくさんあるので、統計的に有意なものを集めてきてはいるのでしょうが、一つひとつの効果量はおそらくきわめて小さい。でも、テレビや雑誌では効果量について触れないので、みんながいっせいに納豆を買いに走ったりする（笑）。

橘　「最新科学でわかった××」などというのは、だいたいそういう手法ですよね。統計的に有意な「賢い子どもに育てる方法」を何十、何百と足し合わせれば目に見える効果が期待できるかもしれませんが、そんなことは現実には不可能です。

安藤　たくさんの要因が影響しているからといって、対応がまったく不可能とまでは言い切れないと思います。例えば、デール・ブレデセンというアメリカの医師が発表したリコード法というアルツハイマー型認知症の治療法[★25]があります。

アルツハイマーの原因の一つは、アミロイドβという物質が脳に蓄積され、これが神経細胞を傷つけて認知機能を低下させることです。これはカミングアウトしているのですが、僕はAPOE-ε4というアミロイドβの蓄積に関わるリスク遺伝子の保有者で、親族にもアルツハイマー型認知症が何人かいます。

そこでリコード法の本を読んでみたのですが、正直、非常にかったるい（笑）。なぜかと言えば、認知機能に影響を及ぼす要因を30以上ピックアップして、そのメカニズムを一つひとつ丁寧に解説しているからです。ですが、それぞれは小さな効果量しかないそれらの要因を、すべてつぶしていったら本当に症状が改善したというのです。

人間の認知機能は非常に複雑ですから、二つや三つの要因ですべてが決まってしまうといった話はまず嘘でしょう。効果量の小さい無数の要因が足し合わさって影響している。このことは非常に重要だと僕は考えています。要因同士には互いに相関がありますし、とても複雑な交互作用をすることもあるでしょう。どのような順番でどう組み合わさるかで劇的に効果が変わることもあるかもしれない。そうだとしても、一つひとつの要因を押さえていけば、足し合わせによって、いずれは影響が説明できるということですから。

橘　安藤さんは「相互作用」と「交互作用」を使い分けていますよね。相互作用は「遺伝と環境の両方の要因が互いに関係しながら動的に表現的に作用しあう」ことで、これは遺伝要因と環境要因が加算的に(足し算で)表現型に影響を及ぼしている。

それに対して交互作用は、「遺伝の効果が環境によって変わってくること、あるいは環境の影響が遺伝の条件によって変わってくること」と定義され、遺伝と環境の足し算では説明できない現象だとされる。

遺伝の影響を否定したい人たちがよく使うロジックに、「遺伝と環境は互いに影響しあっているのだから、遺伝率などという単純な数字で表わせるわけがない。だから、そんな議論をしても意味がない」というものがあります。でもいまのお話だと、足し算レベルでわかる相互作用を押さえるだけで、一定の効果は期待できるということですか。

安藤　そのとおりです。遺伝と環境の諸要因が関わりあうメカニズムは交互作用的なダイナミズムがあるのはいうまでもありませんが、両要因の表現型の個人差に及ぼす効果量の関係は、基本的には足し算です。心理学の教科書ではこれを「輻輳(ふくそう)説」と呼んで古臭い理論としてうっちゃっています。遺伝と環境を足すなんてリンゴとミカンを足すようなものでナンセンスだとか言ってね。ところがそういう心理学者が毎日使っている統計学のモデルは、どんな複雑な要因が絡まる現象も、まずは足し算で考えています。分散分析や、重回帰分析、因子分析などはみんなそうで、それを疑いもせず使って結論を導いていることを忘れている。滑稽な話です。

行動遺伝学のモデルは、分散分析のモデルにすぎません。表現型の個人差に及ぼす効果が遺伝・環境ともに足し算的に効くことが示されている以上、どんなに小さくてもチリも積もれば山になるはずです。あとはその「チリ」を積み上げるためのコストとそれが生み出す効果量とのトレードオフの問題だけです。

子どもたちにとっての悪夢

安藤　今後は機械学習などを効果的に使うことで、より複雑な遺伝と環境の間の交互作用についても検出できるようになってくるかもしれません。そうなると、小さな効果量をもつしつけを、その子の遺伝的資質に合わせて多数組み合わせて、子どもの頃からコツコツ積み重ねていけば、素質は全然なかったとしても、ある程度よい大学に入れる……くらいのことはまんざら嘘ではないかもしれない。

橘　うーん、どうでしょうか。親自身がそういうことをできるかどうかも遺伝によるでしょうし、お金や時間の問題もありますから。

安藤　2014年に出版され、テレビドラマにもなった『下剋上受験』なんかはまさにそういう話ですよね。[26]中卒の両親が自分の人生のすべてをかけて、子どもを御三家に入れようと奮闘する話で、私も感動してしまいました。結局御三家には入れなかったけど、受験勉強する過程で得た達成感と親子の絆はかけがえのないものだった。斉藤和義の主題歌「遺伝」はそのあたりのすがすがしい諦観を見事に歌い上げていて、行動遺伝学者としてとても共感を覚えました。あそこまでやる親のたぐいまれな遺伝的素質が生み出した教育環境と、子どもの遺伝的素質との交互作用の結果ですが、しかしあんなのは一般化できない。

橘　ウィル・スミスがテニスの世界女王ウィリアムズ姉妹の父親を演じてアカデミー賞主演男優賞を受賞した映画「ドリームプラン」では、金もコネもないテニス未経験の父親が、子どもが生まれたときから英才教育を施して世界チャンピオンに育てた実話を描いています。そういうイメージですか。

安藤　かもしれませんね。ただウィリアムズ姉妹に関しては、もともとの遺伝的才能がかなり大きかったのではないかという気はします。遺伝的に才能がある人は、まず初発段階でのレベルが高い。つまり、スポーツにしても音楽にしても勉強にしても、はじめて何かをやらせたときに、他の子どもよりずば抜けてうまくできたりする。世界陸上選手権の400メートルハードルで2大会銅メダルを獲得した為末大さんも、小学校のはじめから、走れば誰よりも速かったそうです。そうすると、まわりもこの子に投資しようと英才教育を受けさせるので、才能がさらに開花しやすくなる。「ドリームプラン」はそういうケースでしょうね。

橘　大坂なおみさんも同じかもしれませんね。ただ、親が熱心に子育てすれば、誰でも大谷翔平や大坂なおみのようになれるという幻想が広まるのは、ほとんどの子どもにとっては悪夢ではないですか。私が子どもなら、放っておいてくれと思うでしょう(笑)。

安藤　僕も同感です(笑)。

共有環境と非共有環境の線引き

橘　遺伝はさまざまな遺伝子、つまりポリジーンの影響を受けているわけですが、環境も「ポリ環境要因」とでもいうべき、無数の要因によって影響されていることはよくわかりました。そこで疑問なのですが、これら多くの環境要因のうち、共有環境と非共有環境はどういう風に線引きされるのでしょうか。

安藤　行動遺伝学に出会った人がまず当惑するところですね。先にも述べましたが、共有環境も非共有環境も、方程式から算出される統計的な値です。それ自体に具体性はなく、有象無象の環境要因のうち、家族を類似させる要因の効果の総体を共有環境、家族を類似させない効果の総体を非共有環境と呼んでいる。別の言い方をすると、共有環境というのは家庭間で異なる環境の効果、非共有環境は家庭内で異なる環境の効果です。これ自体は抽象的な概念です。

橘　家族を類似させるのが共有環境ということは、子育てなどの家庭環境としてまとめてしまっていいものですか。

安藤　主としては家庭環境だと思いますが、それだけでなく、地域や学校といった家族が共有しうるさまざまな要素を含んでいると思います。例えば方言、つまり口語における音韻的特徴とか、関西人のボケと突っ込みの文化とか、コミュニティを共有する者が似てくるのは、人間が基本的に備えている一般的な学習能力や、環境に対する反応といったものが、遺伝的な個体差を超えて共通に何かを習得させる、そういうシステマティックなメカニズムがあるからだと考えられます。

ただし、学校などは家族を異ならせる非共有環境にもなり得る。例えば、一卵性双生児の片方が教え方のうまい先生のいるクラスに入り、もう片方がそうでない先生のクラスになった場合、よい先生がいるクラスにいるほうは、その先生に教わっているあいだはおしなべて成績はよくなります。

子どもの場合、通常は家庭はもちろん、学校やクラスを自分では選択できませんから、ＩＱや反社会的な行動に関しては共有環境の影響のほうが出やすい。未成年のときにきょうだいや学校の仲間が平気でタバコを吸ったり万引きしたりするような環境だと、同調圧力が働き、そうでない環境と比べて同じ行動は出やすくなります。しかし、ある程度環境を自律的に判断して選択できる年齢になってもそうした反社会的行動をとってしまうのは、生まれ育った環境ではなく、本人の遺伝的な素質がたまたまそういうことをしでかす環境、つまり非共有環境に出会ったことの影響が大きいということです。

橘　そうなると、共有環境は「コントロール可能なもの」で、非共有環境は「コントロール不可能なもの」ともいえますか。

安藤　共有環境とは、それを変えればシステマティックに誰に対してもその効果が変わるであろう環境という意味であれば、理論的にはそういっていいと思います。とはいえ生活環境や収入をそう簡単には自分の意思でコントロールはできませんから、コントロールを「個人の意思でコントロールできる」という意味でとらえるとちょっと誤解されるかもしれません。でも制度的、政策的にはコントロール可能かもしれない。

そして非共有環境は、たしかにそれとの比較では「コントロール不可能なもの」といえますね。ただ屁理屈をいえば、環境をコントロールしないようにコントロールする、つまり偶然やなりゆきに任せることをよしとする環境をつくれるのなら、非共有環境との出会いもコントロールできたといえるかもしれません(笑)。

双生児の親が一番気にしていること

橘　共有環境や非共有環境の中身はそのままではわからないけれど、個別の調査によって細かな要因の効果量を調べられるということですが、家庭内でのしつけなど、それが共有環境として効いているか、非共有環境として効いているのかを、そもそもどうやって判断するのでしょう。

安藤　僕たちのふたご研究では、小学生から高校生の一卵性双生児、二卵性双生児、トータルで2000組を対象に調査を行なっており、「読み聞かせをしていますか」「悪いことをしたら押し入れに閉じ込めますか」などを親に聞いています。

ただ、親に対して「あなたは子どもにどういう行動をとっていますか」という一般的な聞き方をしても、それが共有環境か非共有環境かは測れません。「あなたは双生児の兄のほうに／弟のほうにどのくらい本の読み聞かせをしていますか」といった具合に、それぞれの個人に対してどのようなしつけをしているかを聞くことで、そこに遺伝、共有環境、非共有環境のそれぞれがどの程度関与しているかを知ることができます。さらにその読み聞かせと学業成績との相関が遺伝、共有環境、非共有環境によってそれぞれどのくらい媒介されているかを調べます。

読み聞かせの場合、遺伝や非共有環境もありますが、それらを統制してもなお共有環境として有意な効果があることが示されています。しかし一方で、それぞれの家庭で習慣になっているような環境項目は圧倒的に「共有」されている環境なんですが、それでも若干の遺伝と非共有環境が検出されます。

橘　双生児であっても、親が子どもたちにそれぞれ違ったしつけをすることがありえると。

安藤　そこが面白いところです。例えば、「朝ご飯をきちんと食べますか」という質問の答えは、家庭の方針によるわけですから同じだと思いますよね。しかし、子どもに「あなたはきちんと朝ごはんを食べていますか」と聞くと、二卵性双生児のほうが一卵性双生児より同じ答えを言う割合が低いし、一卵性でもちょっと違うことがある。

子どもに対するしつけは、通常は共有環境として働くのですが、ほんの少し一卵性双生児のほうが二卵性双生児よりも強く働いているということです。二卵性双生児は一卵性双生児よりも個体差があるので、親が同じように扱おうとしてもうまくいかないからかもしれません。それは一卵性双生児のきょうだいにもいえます。一卵性といっても個性は相対的には違いますから。

以前、双生児をもつ親の集まりで、「安藤先生、双生児のお母さんがいちばん気にしていることは何だと思いますか?」と聞かれたことがありました。答えは、「子どもを平等に扱うのが難しい」でした。大切なのは物理的に平等に扱うことではなく、平等にそれぞれの個性を大事にすることだといわれていますが、確かに難しいですよね。

子育ての責任は親だけにあるのか

橘　きょうだいのいる人に聞くと、「お兄ちゃんは親にすごく可愛がられていたけど、私はすごく怒られた」といった話がよく出てきます。親の扱い方が異なるために子どもに違いが生じたのなら、同じ家庭で育っても、それは非共有環境になる。

ここまではわかりやすいのですが、ただ、逆の因果関係も考えられますよね。親の望む資質をもって生まれた子どもは大切に扱われ、親が望まない資質をもった子どもが冷たく扱われるのなら、遺伝の影響で説明できそうです。

安藤　これまでお話ししてきたように、遺伝的資質の異なる二卵性双生児で親からの扱われ方が異なるのは、遺伝要因が関係してきます。ですが、昔、障害のある一卵性双生児を育てている母親が、片方を殺してしまったというショッキングな事件がありました。それだけ聞くと、障害の重い子を殺したと思うかもしれません。しかし、この母親が殺したのは障害が比較的軽い子でした。軽い子のほうは何とかなると思って、重い子のほうに手厚く世話をかけていた。そしたらその軽いと思っていたほうの子育てもうまくいかないことがあり、大丈夫だと思っていたこの子までなんでなの！とパニックになり、衝動的に手をかけてしまったのだそうです。いたたまれなくなるような悲しい事件です。特殊なケースなので一般化はできませんが、親と子の関係には遺伝だけでなく複雑な要因が絡んでいるのだと思います。

橘　私が気になるのは、親による子どもの扱いに遺伝的な要因が関係しているということ自体が、いまではタブーになっていることです。いわゆる〝毒親〟に虐待されて自分の人生が歪められた、と訴える人がいます。自分は子どものときにひどい扱いを親からされてきた、兄や妹はすごく大切にされていたのに自分は無視されていた——そういう話が世の中に溢れています。

自分が不幸な境遇に置かれている原因は親であって自分ではない、というナラティヴ（物語）が、そういう人たちのアイデンティティを支えている。そんなところに「親の扱いの差には子どもの遺伝的な要因もある」というと、まるでその人たちを責めているように思われてしまう。

安藤　どう受け止められるかで正反対の意味になってしまいますからね。子どもの素質のせいだと本人を非難しているように受け止められるか、あるいは逆に遺伝なんだから誰のせいでもないと考えて解放されるのか。

橘　子どもに対する虐待事件も、世間的なナラティヴでは「親が100％悪で、無垢な子どもを虐待した」という話になっています。もちろん、かわいそうなのは子どもです。しかし、親にパーソナリティ障害や精神障害の傾向があるなら、育てにくい子どもが確率的に生まれやすいということもあるかもしれない。だから、必ずしもすべてが親の責任とはいえない……という話をすると、途端に大炎上するでしょう。

私がこのようなことをいうのは、すでに1950年代のアメリカで、このことを調べた研究（ニューヨーク縦断研究）があるからです。[*27]

この研究では、きょうだいのいる親の子育てを長期にわたって観察していますが、子どもが生まれてからしばらくのあいだ、子どもへの接し方にはまったく違いが見られなかった。それにもかかわらず、同じ親が同じような子育てをしても、きょうだいのなかで難しい子どもと、手のかからない子どもに分かれることがあった。

そこで研究者が幼児期にさかのぼって検証してみたところ、どちらのタイプの子どもでも、子育てのパターンに大きな違いは見られなかった。ところがもうすこし成長して、「難しい子ども」だとわかってきたあとの子育てのパターンには、大きな違いが見られた。

ここからわかるのは、親の子育てによって子どもの性格が決まるというよりも、子どもの性格に合わせて親が子育てのパターンを変えているということです。すくなくとも、親が子どもに一方的に影響を与えているのではなく、親子も相互作用のある人間関係の一種で、影響は片方向ではなく、双方向で生じているのでしょう。[*28]

安藤 私たちが行なった、子どもの注意欠如・多動症（ADHD）傾向が高いか低いかで親の養育行動が影響を受けるかを調べた研究でも、ADHD傾向が高いほうが、ネガティヴな養育行動と子どもの問題行動の関係が共有環境で説明される割合が大きいことが示されました。[*29] 親子関係は親から子への一方向ではなく、双方向であるという相互作用主義的な見方は、育児や心理学の教科書には必ず出ているのですが、依然として親が原因で子どもがああなった、こうなったと言われることが多いんですよね。そのほうがわかりやすいからでしょう。

ただし、ここでも大事なのは、何であれ単純な要因では説明できないということです。例えば、子どもの間で起こるいじめにしても、被害者が明らかにネガティヴな要因をもっているからいじめられるとはかぎりません。たまたま目立つ特徴、それがひょっとしたら世間的にはポジティヴな特徴であっても、いじめの対象にはなりえます。

橘　かわいいからいじめられる、というケースもありますからね。

安藤　そういうことです。理由は何でもいい、あとづけでもいいのだと思います。先に例に挙げた障害のある一卵性双生児の片方が母親に殺された事件にしても、単純化はできないでしょう。虐待する親にしてもいじめをする子どもにしても、彼らがどの相手にどういう行動をとるかは、偶然によるところも大きいのではないかという気がします。

遺伝が環境を引き寄せている

橘　非共有環境について、ここでいちど整理させてください。ものすごく単純化して、社会A、社会B、社会Cの構成員は全員一卵性の三つ子で、同じ遺伝子をもった片割れが別の社会に住んでいるとします。社会Aはとても豊かな世界、社会Bはみんなが殺し合っている殺伐とした世界、社会Cは生きていくだけで精いっぱいのものすごく貧しい世界というようにまったく環境が違う。このとき、社会A、B、Cのどれに割り当てられるかによってパーソナリティも変わってくると思いますが、この違いが非共有環境と考えていいのでしょうか。

安藤　基本的にはそう考えてくださってかまいません。ただ、同じ条件で育てられたクローンのネズミであっても、生物的なゆらぎによって個体差が生じます。そうした要素も非共有環境に含まれますし、測定誤差も非共有環境の無視できない要因です。

ネズミといえば、1960年代頃に行なわれた実験が、まさに非共有環境の影響を調べるものでした。まず探索行動が活発な活動性の高い系統のネズミと、活動性の低い系統のネズミという、2系統のグループを用意します。それらを両方とものすごくプアな（刺激の少ない）環境に置くと、同じ程度まで活動性が下がり、逆にものすごくリッチな（刺激の豊かな）環境に置くと、やはり同じ程度まで活動性が上がりました。普通の環境では遺伝的な差が出てくるけれど、極端な環境の下では、遺伝よりも環境の影響のほうが大きくなったという結果です。

これは非共有環境の話ではなく遺伝と環境の交互作用、つまり環境が遺伝の発現の程度を調整するという話ですが、極端な環境だと環境の効果が大きく出て、遺伝の影響が見えなくなるということもあるんですね。

橘　環境の圧力が強くなると遺伝率が低くなるというのは、感覚的にもよくわかります。一方でタークハイマーは、「行動遺伝学の3原則」の3番目で、「複雑なヒトの行動特性のばらつきのかなりの部分が遺伝子や家族では説明できない」と述べています。これは、共有環境よりも非共有環境の影響のほうがはるかに大きいということですよね。

行動遺伝学に対するよくある批判に、「氏が半分、育ちが半分」すなわち「親からの遺伝と子育てによって子どもが育つ」という当たり前のことを言っているだけではないか、というものがありますが、そんな単純な話ではない。行動遺伝学の知見でもっとも衝撃的なのは、高い遺伝率ではなく、共有環境より非共有環境の影響のほうがずっと大きいことです。

在野の発達心理学者ジュディス・リッチ・ハリスは、タークハイマーの三つ目の原則を「子育てには（たいして）意味がない」と要約して、アメリカで大きな議論を引き起こしました。ハリスは、遺伝と非共有環境の「共進化」によってパーソナリティがつくられていくと考えました。保育園でみんなで歌を歌ったとき、少しだけ目立った子がいて、保育士やまわりの子どもからすごいねと褒められた。その子は気をよくして歌がだんだん好きになり、みんなの前で歌うことがどんどん楽しくなる。そうしてずっと歌の練習をすれば、そうでない人との能力の差は開いていく。

この子は成長して歌手を目指すようになるかもしれませんが、それは子育て（共有環境）の影響ではなく、最初に遺伝的な素質の違いがあって、それが保育園の友だちなどの非共有環境によって増幅されたと理解していいですか。

安藤　そのとおりです。それは「遺伝と環境の誘導的相関」、つまり遺伝要因がまわりからその遺伝的素質を伸ばすような環境を引き寄せる効果だと行動遺伝学では考えます。だから遺伝的な素質が環境的に増幅される、ということは十分ありえます。しかしその場合は、非共有環境ではなく、遺伝率として算出されることになります。

遺伝というのは、純粋に生物学的な遺伝子配列の影響だけを指すものではありません。遺伝を純粋に生物学的な現象として考えたい人にとっては気持ち悪いとか、拡大解釈が過ぎると思われるかもしれませんが、「真空のなかの遺伝」なんてものがあると考えるほうが幻想だと思います。環境による影響であったとしても、そこに遺伝との相関関係があるのであれば、すべて遺伝の影響だと行動遺伝学では考えるのです。

子どもの交友関係と遺伝

橘　しかしそうなると、遺伝の影響が高く出すぎてしまうのではないですか。

安藤　確かにそのとおりです。ここはなかなかわかりにくいので、家庭外での交友関係で説明してみましょう。ある一卵性双生児のペアが勉強のできる子と友だちになり、勉強に打ち込んで成績が上がったとします。これは環境の影響だと思われがちですが、別の一卵性双生児のペアは、同じ友だちを選んでも成績が上がらないかもしれない。つまり、環境（友だち）だけではなく、その環境をどのように受け取るかという遺伝的な要因も成績の違いを生み出しているので、遺伝率として算出されるのです。

交友関係について補足すると、ここで述べたのはその子どもが能動的に友だちを選んだ場合です。仮に学校や保育園で、教育的な配慮によって勉強のできる子とできない子でグループをつくらせたなら、遺伝の影響は少なくなるかもしれません。これは環境によってコントロール可能なところですよね。遺伝と環境の相関はコントロール可能なら環境に、コントロール不可能なら遺伝のほうに入るといえるかもしれません。

現実には、遺伝と環境の影響は入り交じっていてコントロールの及ばない場合が多いでしょうから、遺伝的要因と環境的要因を完全に分けることはできません。それでも行動遺伝学の方程式で計算すれば、交友関係はほとんど遺伝率のほうに入ってくるのではないかと思います。

逆にいえば、遺伝の影響を完全に排除したいのなら、環境を完全に統制しつくしてしまえばいいのです。専制国家の下で、いっさい学力差を生んではいけない、他人よりよい成績をとったら死刑（笑）という法律をつくれば、学力の遺伝率はゼロになります（もっともそもそも個人差がなくなるので、遺伝率や環境率そのものの意味がなくなりますが）。

橘　子どもが自ら環境を構築する場合は、そこには遺伝の影響が働いている。ということは、自分に似た相手を好きになるという同類性（ホモフィリア）も遺伝の影響を大きくしますよね。

安藤　そのとおりです。これは重要なポイントで、一般に環境の影響だと思われていることでも、遺伝的な素因の影響を受けていることが多々あります。リチャード・ドーキンス風にいえば、「延長された表現型」ということになるでしょう。環境を、遺伝子の表現型が延長されたものと見なすということです。

「環境までが遺伝だった」という行動遺伝学の発見は、当初、心理学界はおろか行動遺伝学界でも違和感をもって受け止められました。しかしいまや大勢の研究者の調査によって再現されており、行動遺伝学界でも認められるようになってきています。しかし、そうした見方はまだ一般にはそれほど広がってはいないのでしょうね。

橘　最初に述べたように、「運は遺伝する」という話を読んだときの衝撃が、この対談をお願いしたきっかけです。それに加えて「環境も遺伝だ」となると広く理解されるまでにはまだまだ時間がかかりそうです。

スラム街の不良に起きた「奇跡」

橘　私たちが一般に非共有環境だと思うものでも、遺伝率に算入されることはよくわかりました。しかしそうなると逆に、非共有環境の影響は一般に思われているよりもずっと大きいということになりませんか。

54ページに掲載したポルダーマンのデータを見ても、能力やパーソナリティに関わるほぼすべての項目で、遺伝と非共有環境の影響が大きく、共有環境の影響が小さい。遺伝の影響は変えられないとしても、非共有環境にそれと同じくらいの影響力があるとしたら、子育てで頑張るよりも子どもの非共有環境を変えればいいというのは、誰もが考えると思います。

これについて印象的なのは、ジュディス・リッチ・ハリスが紹介している、ニューヨークのなかでも治安の悪いサウスブロンクスに住む16歳の黒人高校生ラリー・アユソのケースです。[★30]

ラリーはバスケットボールのチームに入りたかったものの、成績不振で入部が許されず、高校を中退してしまいます。同世代の友人のうち三人は、麻薬がらみの殺人事件に巻き込まれて死んでいました。典型的な転落コースですが、ラリーは幸運なことに、スラム街の子どもを遠く離れた土地に転居させるプログラムに選ばれます。

ラリーが転校したのはニューメキシコ州の小さな町の、中流階級の白人家庭の子どもたちしかいない高校でした。ところが2年後、ラリーは高校のバスケットボールチームのエースになり、成績もAとBばかりで大学進学を目指していました。

ラリーがサウスブロンクスの古巣を訪れたとき、かつての友人たちはその服装に驚き、話し方がおかしいと笑いました。ラリーはブレザーの前ボタンをきちんと留め、南西部訛りでしゃべるようになっていたのです。

こうした例からリッチ・ハリスは、私たちは遺伝的な特性をフック（手がかり）にして、友だち集団のなかでキャラ（パーソンバリティ）を形成していくのだという「集団社会化論」を唱えました。

ラリーにはバスケットの才能という遺伝的な優位性がありましたが、それはニューヨークの黒人コミュニティではありふれたものでしかなかった。ところが白人しかいない田舎の高校では、バスケットボールが好きなごく普通の黒人の若者は、たちまち「俺たちのチーム」のエースになって、友だち集団の特等席に自分の居場所を確保できた。こうして〝キャラ変〟したのだと考えれば、なぜこのような「奇跡」が起きたのか、説明できるように思うのですが。

安藤　これもきっかけは遺伝と環境の交互作用でしょう。加えてブレザーの前ボタンをきちんと留めるという学校の共有環境の効果が加わっているとみなすことができると思います。

環境操作によって人間は変えられるか

橘　ブロンクスの不良から優等生になったラリー・アユソのケースはたんなるエピソードにすぎませんが、より大規模な実験がアメリカで行なわれていたことを知りました。

1990年代の「機会への移住実験プログラム」では、アメリカ各地（ボルチモア、ボストン、シカゴ、ロサンゼルス、ニューヨーク）の公共住宅に住む4600家族を以下の三つのグループにランダムに割り振りました。[★31]

①家賃補助券を受け取るが、それはより貧困度が小さい（いまよりも豊かな）地域でしか使えない。このグループは、家賃補助を受けるためにはもうすこし富裕な地区に引っ越さなければならない。

②どこでも好きなところで使える家賃補助券を受け取る。同じ地域にとどまることができたので、ほとんどは家賃を節約するだけで引っ越さなかった。

③ 家賃補助券を受け取れない対照群。

その後、アメリカ国税庁による納税データで、子どもが育った地域が収入や人生にどう影響するかが追跡調査されました。それによると、条件付き家賃補助券をもらって引っ越した①のグループの（転居時点で13歳以下だった）子どもは、20代半ばに達したときの収入が、補助券をもらえなかった③の子どもより約3分の1以上高くなっていました。転居時点で8歳だった子どもは、大学に進む割合が6分の1高く、通う大学のランクは大幅に上がり、貧しい地域に住んだり、子どもの誕生時にひとり親になる割合は小さかった。それによって受けた利益は、生涯収入で30万ドルと見積もられました。

それに対して、どこでも使える（より有利な）家賃補助券を受け取った②のグループでは、何ももらえなかった対照群と比べても、さほど大きな利益は得られませんでした。より正確には、対照群より改善はしたのですが、そのプラス面のほとんどは、わざわざ富裕な地域への引っ越しを選択した世帯の子どもたちがもたらしたものだったとされます。

この結果は、非共有環境を人為的に変えることで、子どもの将来にかなりの影響を与えられることを示しているのではないですか？

安藤　アメリカでなされているこういうランダム化比較社会実験は、ほんとすごいですよね。うちの大学でも教育経済学者の赤林英夫先生と協力して、双生児でそういう実験を試みたことがあるのですが、なにせ規模が違うので、なかなか結果に結びつきませんでした。いまお話しされた研究の場合、ただ単に補助券が使える機会を提供されるだけではなく、それが使えるような環境に大きく自分を動かさなければ、その効果が表れなかったということですよね。つまり補助券は、家計の負担を減らす効果以上に、環境を劇的に変えさせる仕掛けとしての効果が大きかった。

橘　同様に、親の転勤で海外で暮らすようになるとか、どこかの養子になるというように、環境が劇的に変われば、パーソナリティにかなりの影響があるかもしれない。ただ、どちらに転ぶかはギャンブルのようなものではないですか。無理して子どもをよい学校に入れたら、コンプレックスでドロップアウトしてしまった、という話も聞きます。

安藤　いまの研究の場合は、計画的にそれを行なった結果なのでギャンブルではないですが、実際には環境をこれほど劇的に変えてどう転ぶかはギャンブルでしょうね。

橘　こうしたケースは確かに印象的ですが、その後、スラムの子どもを転居させるプログラムも、機会への移住プログラムも、各地で実施されて成果をあげているという話は聞きません。私たちは遺伝と非共有環境によって自分の〝キャラ〟をつくっていくけれど、そこに親や教師、大人などの第三者が介入して、意図的な結果に誘導するのはかなり困難なのかもしれませんね。

安藤　残念ながらそういわざるを得ないでしょうね。

遺伝の影響からは誰も逃れられない

橘　先ほどとは逆の話になりますが、まったく違う環境で育った一卵性双生児が、結局はとても似てくるというエピソードがたくさんありますよね。安藤さんが紹介している例で私が驚いたのは、ユダヤ人の父親とドイツ人の母親のあいだに生まれた一卵性双生児のオスカーとジャックの話です。オスカーはドイツの祖母に引き取られてヒトラーユーゲント（ナチスの青少年組織）に入り、ジャックはユダヤ系の父親のもとに残り、イスラエルのキブツにいたこともあった。これほど生育環境が違うのに、大人になった二人が再会したときは、どちらも口ひげをはやし、メタルフレームの眼鏡をかけ、両肩に肩章のついたアーミー風のスポーツシャツを着ていた。さらに、二人ともトイレを使う前に必ず水を流し、輪ゴムを腕にはめる癖があり、雑誌を後ろから読んだ……。まったく異なる環境に放り込まれたという、いわば「環境ガチャ」にもかかわらず、遺伝子を共有しているとここまで似てしまうのか。これは遺伝的な素因が、異なる世界でも同じような環境を選ばせたということでしょうか。

安藤　そういうことだと思います。イスラエルのキブツであれ、ナチスの青少年組織であれ、共同体のなかで生きていくのに必要なものはある程度共通しています。出てくる食べ物は残さず食べなければならないとか、多少苦手な人とも仲よくしなければならないとか。一見、まったく異なるように思えても、共通している部分は多いものです。

どれほど政治イデオロギーが違っていても、日常生活にある程度の自由があれば、そこには必ず遺伝の影響が出てきます。その結果、正反対の政治体制の下でも、同じような習慣をつくることになったのだと思います。

橘　「同じ遺伝子の3人の他人」というドキュメンタリー映画も同様に衝撃的でした。[★32] 一卵性の三つ子が生後6か月で異なる経済環境の里親に送られるのですが、実験を行なっていた研究者が死んでしまったため、三人はお互いのことをまったく知らずに育ちます。ところがそのうちの一人が大学に進学すると、誰ひとり知り合いがいないのに、みんなが自分に話しかけてくる。三つ子のもう一人が、先にその大学に入っていたのです。そうこうするうちに残りの一人とも出会って、三人でレストランを経営して成功するものの……という話でした。

安藤　確かに何かの奇跡のように思えますが、別々に暮らす一卵性双生児が同じ地域に住んでいたとしたら、同じ学校を選択するというのは、べつに不思議ではありません。遺伝的に自分にもっとも適した環境を選ぶわけですから。

橘　行動遺伝学の知見では、パーソナリティの遺伝率はだいたい50%程度、共有環境は5%程度、非共有環境が残りの45%くらいになります。しかし、その環境ですら遺伝の影響を受けているということになれば、私たちはどうやっても遺伝の影響から逃れられないようにも思えてきます。

遺伝と偶然

安藤　それについては、個人的に印象的だったことがあります。２０２１年に3か月ほど、福岡に滞在していたときです。僕はピアノを弾くのがすごく好きなのですが、夕食に入ったレストランにピアノが置いてあり、お客さんもいなかったので、店主に一声かけて弾かせてもらったのです。

そのとき、ピアノの上に寄贈者の顔写真が飾られているのに気づきました。なんとその寄贈者は、30年ほど前に僕が自分のキャリアを選択する上で大きな影響を受けた、箱根の研究会を主催していた先生でした。しかも、先生は退官してからもプライベートな研究会をその店で開いていたとのこと。かつて箱根でお世話になった恩人のピアノと福岡で出会う。その先生はあいにく亡くなられていたのですが、その先生を慕ってそのレストランで偲(しの)ぶ会を開いていたのも教育に関心をもつ人たちの集まりで、僕と似ている。こういう

「引き寄せ」だとか「呼び寄せ」といった一見神秘的な表現の現象が世の中にはありますよね。科学者としてはとんでもないと思いつつ、そのような巡り合わせを感じたのです。

あくまでも比喩ですが、何らかの出来事同士が連鎖する確率が仮に0・1%や0・2%だったとしても、人生の数十億秒という時間のうちには一定の頻度で起こることになる。僕の場合は、その偶然が音楽や研究のつながりで立ち現われてきましたが、同じような現象はそれぞれの人生においても起こっているのではないでしょうか。

橘　印象的なお話ですが、それは偶然であると同時に、遺伝の力も働いているともいえますよね。福岡でピアノを置いてあるレストランを見つけても、それだけならたいていの人は通りすぎるでしょう。そこで食事をしたとしても、多くの人はそのピアノを弾いたりはしないと思います。でも安藤さんは、自らそのレストランを選び、ピアノを弾いた。その偶然の背後には、やはり遺伝的な要因があるように見えます。

安藤　ごもっともです。ですが、僕が福岡に行くことになったのは、その先生とはまったく無関係でした。選んだ滞在場所の近くにピアノのあるレストランがあったのも、完全に想定外だったのです。合理的に説明はできないのですが、完全な偶然ではなく、意外なところに遺伝の影響があるのかもしれません。

橘　それと重なるかはわかりませんが、私は海外旅行先でたまたま出会った人と話をすることがあって、ときには盛り上がって家族の話などプライベートなことまで教えてもらったりします。ではなぜそんな話題になったかというと、まったくの偶然ではなく、誰に話しかけるかとか、どのような話をするかを、自分と相手の遺伝的な相性で無意識に選んでいるのではないかと思います。けっきょく、そうした些細なことも含め、あらゆるところに遺伝の長い影が伸びているのではないでしょうか。

安藤　そんな気がします。それぞれの出来事は人生という時間全体に比べると一瞬のことにすぎません。そして、それらの多くは偶然の出来事です。ですから、一つひとつの影響は相対的にそれほど大きいわけではないのですが、それらが積み重なって行動遺伝学が示している非共有環境の効果量になっている、しかし同時に人生の長い時間のなかで、その一瞬の偶然がこれまた膨大に起こっているので、結果的に遺伝に引き寄せられる偶然とも思った以上に頻繁に出会っているのかもしれないということなのだと思います。

橘　安藤さんは『能力はどのように遺伝するのか』で、「人間は環境に左右されて受動的に学習しているのではなく、みずからの遺伝的資質にしたがって能動的に学習を進め、遺伝的な『自分』になろうとしているかのようである」とお書きになっています。まさに「環境は遺伝する」ですが、いまのお話でこの印象的な言葉を思い出しました。これが「科学的事実」だとしても、受け入れられない人は多そうですが。

非共有環境の測定誤差

橘　非共有環境の話に戻りますが、これまでの説明をまとめると、それは遺伝と関係があるかないかよくわからない、あるいはあったとしてもごくわずかしか計測できない、そうした有象無象の出来事の集まりだということでしょうか。

安藤　まさにそういうことだと思います。もう一つ、非共有環境に影響してくる要素として測定誤差が挙げられます。それが表われやすい例として、パーソナリティがあります。パーソナリティ測定値の信頼性係数は0・7と低く、これに対してIQなどの信頼性係数は0・9と高いのです。

信頼性係数とは、検査を行なったときに、どの程度確実に同じ結果が出るかの度合いだと考えてください。パーソナリティ検査では、例えば、どれくらい神経質かを調べるのに「見ず知らずの人の前に立つと緊張してしまうか」などの項目について質問を行ない、その結果を足し合わせてスコアを算出します。

金属の棒と、ゴムでできた棒の長さを測りたいとき、ゴムは伸び縮みしやすいですが、金属はほとんど長さが変わりませんよね。パーソナリティはゴムでできた棒のようなもので、状況によって変化しやすいのです。神経質さであれば、その人にとって神経質的な行動が出やすい状況を多く質問すればスコアは高く出てしまうし、そうでなければ低くなります。

こうした誤差はＩＱ検査では少なく、パーソナリティ検査では大きい。そして、この誤差は非共有環境として算入されることが一般的です。

橘　なるほど。非共有環境が誤差を含めて計算されるとすれば、影響が大きく出ることも理解できます。遺伝率に関してはそうした誤差はないのですか。

安藤　ふたご研究では、異なる二人の類似性の要因として遺伝を考えます。たった一人、あるいはたった1組の測定値には誤差が入り得ますが、何百組ものふたごのペアがそろって類似しているという現象は偶然では説明できません。ですから行動遺伝学の方程式で遺伝率を計算する場合、誤差の影響を受けません。一卵性双生児と二卵性双生児の比較から、誤差の影響を受けない推定値として計算されます。

パーソナリティを測定する際の誤差は、環境側の揺らぎと捉えることもできるでしょう。人間とは、決して安定した存在ではありません。人間が遭遇する環境もまた、瞬間瞬間で変化します。喉が渇いていてたまたま近くにあった自動販売機で飲料を買おうとしたとき、自分の好みに合う商品があるか、しかたなく選ばなくてはならないか、あるいは売り切れなのか、これらはすべて偶然ですよね。それと同じです。

橘　パーソナリティの場合、その人がどういう状況に置かれているかによって、神経症傾向が強く発現するかもしれないし、しないかもしれない。このとき、どういう状況に置かれるかは偶然で、環境A、環境B、環境Cのいずれで測定したかによって、その誤差が非共有環境に入ってくるという理解でいいのでしょうか。

安藤 そう言えます。遺伝という言葉にはみなさん決定論的なイメージをもっていますが、必ずしもそういうものではありません。ある人のある形質がどういう風に発現するかをグラフ化すると、59ページで示したように、一定の値に固定されているのではなく、正規分布（ベルカーブ）に近い形状、つまりある特定の値やそれに近い値をとる割合が相対的には多いけれども、そのときどきのコンディションや、環境の良し悪しによって、それより高い値や低い値をとることもある。ただその特定の値から遠ざかるにつれて、それらの値をとる頻度あるいは確率は減ってゆくということになります。そのいちばん平均的な、あるいはもっとも頻繁な発現のしかたが、ある人のその形質についての遺伝的な「個人のセットポイント」ということになります。

神経症的傾向の強い人であっても、その傾向が出やすい環境とそうでない環境がある。環境が変化すれば、セットポイントを中心にある程度ばらつきが生じるわけです。遺伝による発現のばらつきと、偶然による環境のばらつき、それが非共有環境にあたるわけですが、その両方が合わさって、形質表現として出てくることになります。

橘　逆にいえば、非共有環境の偶然性が統制できれば、遺伝率は１００％に近くなるということですね。

安藤　そのとおりです。ただし統制できた時点で、すでに非共有環境とはいえないことになりますが。

遺伝情報データベースの可能性

橘　プロミンが“*Blueprint*”で、非共有環境というのは統制不可能なランダムネスで、共有環境の影響はさして大きくないのだから、けっきょくは遺伝、すなわちポリジェニックスコアのブループリントで人生は決まるのだ、というようなことを言っています。最初はずいぶん極端だなと思ったのですが、これまでのお話でその意味がよくわかりました。

安藤　非共有環境が多数の偶然からなるランダムネスだというのは、現時点では確かにそのとおりですが、将来はわかりません。あくまでも思考実験で、現在の技術では無理ですが、世界中の人びとの遺伝情報を収めたデータベースをつくり、そこに各人すべての経験を紐付けることができれば、遺伝と偶然の関係を精緻に調査することは可能でしょう。

そこまでしなくとも、収入や病歴、重要なライフイベント、交通事故を起こしたかなどに関して、多くの人が気軽に登録できるデータベースがあれば、案外いろいろなことがわかってくるのではないかという気はします。毎年、登録者全員の情報を更新していけば、どの時点で何の要素が影響を与えたのかを追跡することもできる。膨大なコストがかかるうえに一般の人からの激しい反発が予想されるので、これも簡単にはできないでしょうが……。

橘　それはすごく面白いですね。意外に受け入れられるかもしれませんよ。実現すれば、いま何をすればいいのか、リアルタイムでＡＩが教えてくれるわけですから。考えたり、選択したりすると認知資源が消費されて不快なので、できるだけラクして生きたいとみんなが思えば、ＡＩ依存はさほど荒唐無稽な未来ではありません。

それに、この研究で得た知見を利用すれば、一人ひとりに最適化された非共有環境をメタバースで構築できるかもしれない。脳はバーチャルリアリティの体験を現実の体験と区別できないそうですから[★33]、これなら遺伝的な特性を最大限活かした「最高の自分」をつくることができる。これは科学に裏づけられた究極の子育て法ですから、ビッグビジネスになるんじゃないですか（笑）。

第4章

パーソナリティの正体

ビッグファイブ理論のインパクト

橘　前章の最後でパーソナリティに関する話が出ました。本章では、遺伝とパーソナリティの関わりについて、もう少し掘り下げて話ができればと思います。

１９８０年代に心理学者のルイス・ゴールドバーグは、パーソナリティを構成する五つの因子「ビッグファイブ」を提唱しました。

①外向性 Extraversion ／内向性 Introversion
②神経症傾向（楽観的／悲観的）Neuroticism
③協調性（同調性＋共感力）Agreeableness
④堅実性（自制力）Conscientiousness
⑤経験への開放性（新奇性）Openness to Experience

これら五つの因子は、その後、地域や文化による違いがなく、年齢によっても変わらないことがわかり、「ビッグファイブ理論」として完成しました。現在は、脳科学のレベルでそれぞれのパーソナリティに影響を与える遺伝的な変異や神経伝達物質が積極的に研究されています。

人類はこれまで、何千年にもわたって「わたしとは何者か」と問いつづけてきました。いまやパーソナリティをいくつかのシンプルなユニットに還元することで、自然科学のレベルで「わたしの謎」が解明されようとしている。

これは大きなパラダイム転換だと思うのですが、残念ながら、日本ではいまだにビッグファイブ理論は単なる性格診断の一つと見なされているようです。

安藤 じつのところ、僕もビッグファイブは数あるパーソナリティ特性の因子分類法の一つで、少なくとも知能のように一因子ではないというところは重要だけれど、パラダイム転換というほど重要という認識はありませんでした。しかし橘さんの『スピリチュアルズ「わたし」の謎』（幻冬舎、2021年）を読んで、なるほど、そうかもしれないと思わされました。

橘 トランプとヒラリー・クリントンが争った2016年のアメリカ大統領選挙では、イギリスのコンサルティング会社ケンブリッジ・アナリティカが、Facebookから収集したユーザーの行動データと、ビッグファイブ因子との相関関係を機械学習で分析し、一人ひとりのパーソナリティに基づいたメッセージ広告を送ることで有権者の投票行動を操作したとされます。これについては異論もあるようですが、Facebookの「いいね！」から相手がどのような人間かを高い精度で分析するアルゴリズムはすでに存在します。今後、さまざまな場面で使われることになるでしょう。

安藤 僕もビッグファイブ理論を重視することについては、まったく異論ありません。パーソナリティに関してはこれまで多くの研究者がさまざまな理論を提唱してきましたが、いまではビッグファイブ理論に基づいたコスタ&マックレーによる「NEO（ビッグファイブを測る世界的に最も標準的な検査の名前。ビッグファイブの中の神経症傾向 Neuroticism、外向性 Extraversion、経験への開放性 Openness to Experience の頭文字を並べたもの）モデル」が主流になっています。私たちの研究仲間の山形伸二君（現名古屋大学准教授）が、カナダとドイツと日本のNEOの双生児データを分析し、この因子構造が遺伝的にどの国でも同じだということを証明してくれました。[★34] その意味ではビッグファイブ理論が、徳川幕府のようにパーソナリティ理論の戦国時代を統一したといえるかもしれません。

なぜ「五つ」に分けられるのか

安藤　ただ、ビッグファイブ理論も絶対ではない、というより、因果論的に五つの因子を説明できる生物学的なメカニズムが実際にあるわけではないことに注意が必要です。そもそも、最初に述べたように、パーソナリティを測るために用いられる項目というのは何百、何千とあります。それらを因子分析（ファクター・アナリシス）という手法で分析すると五つの因子に分解しやすいということであって、逆にいうと、項目の選び方や因子分析のやり方によって、いくつでも組み合わせはつくれます。

現在は、先の五つの因子で表わすのがスタンダードになっていますが、誠実性・謙虚性（Honesty-Humility）を加えて六つの因子で表す「ヘキサコ（ＨＥＸＡＣＯ）モデル」を好む研究者もいますし、「クロニンジャー理論」では四つの気質と三つのキャラクター（性格）という七つの因子で表わします。古いものでは「キャッテル性格理論」という16もの因子を用いるものもありますし、高次因子を算出して二つの因子で表わす理論や、「ＧＦＰ（General Factor of Personality）」というたった一つの因子で表わす理論もあります。

橘　パーソナリティを一つの因子で説明するというのは、どういうものなんですか。

安藤　ＧＦＰは、パーソナリティをＩＱのような数値にしてしまおうという考え方で、因子分析をするときに強制的に1因子解を計算すれば求められます。ビッグファイブ理論でいう神経症傾向をマイナスの値、それ以外の因子をプラスの値として足し合わせたものが、ほぼＧＦＰの数値になります。要するに外向的で楽観的で堅実性が高く、協調性もあって知的好奇心も強い――そういう「優秀な人」「社会的に適応性のよい人」ほどＧＦＰは高くなります。

ただ僕は、ＧＦＰはあくまで人工的、統計的な概念にすぎず、ＩＱのような実体性はないと考えています。われわれの社会において望ましいと考えられる人物像のイメージが先にあって、それが数値化されたものと見たほうが近いのではないでしょうか。ＧＦＰに対応する生物学的なメカニズムがあるわけではなく、そうしたエビデンスを得るための研究も行なわれていないと思います。

橘　複雑で陰影のあるパーソナリティを一つの因子だけで説明するというのは、さすがに無謀だと思います。ちなみに私は、ビッグファイブの「協調性」を「同調性」と「共感力」に分解し、それに「知能」と「外見」を加えた「ビッグエイト」を提唱しています。[★35]

安藤　「外見」を入れるのは橘さんらしくていいですね。実際、「外見」は心理的な特質と同じくらい、その人らしさの社会的な評価はもちろん人生をも左右します。「知能」を入れるのも大賛成です。

確かに、性格がいくつかの主要因子から構成されていることは間違いありません。その認識のうえで何を因子と見なすかは、ある程度、見る人の主観が入らざるを得ない。僕は授業で、半ば真面目に、「自分（あなた）らしさ因子」の尺度をつくってごらんと言ったりします。つまり自分がいちばん高い得点を取れるような特性を言葉にしてみるんです。

ただ普遍的なレベルでいうと、押しなべて最低三つの因子を想定すればいいかなと考えています。カラープリンタに喩えると、わかりやすいかもしれません。黒インク1色だけでも、水墨画みたいにはなりますが、絵は印刷できます。ですが、色鮮やかに表現したければシアン、マゼンダ、イエローのインクが必要になる。この3色だけで黒色も含め、ほぼ完ぺきに自然界にあるさまざまな色をつくり出せます。もちろんもっと微妙な色合いを表現するために、多色カートリッジを使う人もいるでしょう。パーソナリティも同じで、いくつの因子でも表現できるのですが、最低限三つの因子があれば精緻な表現ができます。ただ、それではちょっと貧弱かな、ということで五つの因子からなるビッグファイブ理論が主流になってきた、ということだと思います。

ですから、「ビッグファイブ」といっても、五つであることに特別な理由はない。20年ほど前、「なぜ五つでなければいけないのですか?」という素朴な疑問をビッグファイブ理論研究でご高名な研究者にぶつけたことがあります。そうしたら「理由なんてものはない。指が5本であることに説明が必要ですか?」というのが答えでした(笑)。

パーソナリティが生み出される仕組み

橘　パーソナリティの基盤として、「外向的/内向的」と神経伝達物質のドーパミン、「神経症傾向(楽観的/悲観的)」とセロトニンを組み合わせるモデルがありますよね。交感神経は臓器や器官を興奮させ、副交感神経は抑制するし、脳にも興奮性シナプスと抑制性シナプスがあることがわかってきた。進化の成り立ちを考えれば、生き物が活性系と抑制系で行動を制御するようになったというのは納得感が高いです。

安藤　僕もそう考えています。いわゆる「ＢＩＳ／ＢＡＳモデル」ですね。あらゆる生物は「行動を抑制するシステム（「BIS : Behavioral Inhibition System」）」と「行動を活性化するシステム（「BAS : Behavioral Activation System」）」に基づいているという考え方です。確かに生物は、単細胞生物であったとしても、ブレーキとアクセルの機構は共通して必要で、人間の場合はセロトニン系がＢＩＳ、ドーパミン系がＢＡＳの候補としてあがっています。

ビッグファイブ理論との関連でいえば、ＢＩＳとＢＡＳはそれぞれ神経症傾向と外向性とほぼ同じで、アイゼンクのジャイアント・スリー理論でもその二つがまず出てきますし、クロニンジャー理論では新奇性追求と損害回避に対応します。ただ、人間のような社会的動物では、生物の基本メカニズムであるＢＩＳ／ＢＡＳだけではパーソナリティを表わすのに不十分で、他の個体との関係を築くための社会性を考慮する必要があります。これは、ビッグファイブ理論だと協調性に当たります。

ＢＩＳ、ＢＡＳ、社会性（ビッグファイブでは神経症傾向、外向性、協調性）の三つに加えて、もう一つ重要な因子が認知能力です。僕自身は、人間の行動様式はＢＩＳ、ＢＡＳ、社会性、認知能力の組み合わせで説明できると考えています。先のカラープリンタの喩えでいえば、認知能力は黒インクといったところでしょうか。黒インクがなくても３色のカラーインクで黒色は表現できますが、黒インクがあるのとないのとでは、ずいぶん見え方が違ってきます。

橘　認知能力というのは、要するに知能のことですよね。私のビッグエイトモデルでも、パーソナリティの重要な要素として知能を加えています。

話をBIS／BASに戻せば、動物は光合成を行なわないので、他の動物や植物を食べて栄養を摂取するしかない。食料が近くにあるときは、そこに向かって神経系を活性化しなければなりませんが、つねに活動しているとすぐにエネルギーが枯渇して死んでしまう。だからこそ、人間を含むすべての動物は、アクセルとブレーキのように、いったん活性化した神経系を抑制するシステムを備えるようになった。

実際、人間の六つの基本的な感情は、グラフの縦軸に覚醒／鎮静、横軸に快／不快を置くことで説明できます。私たちは心をものすごく複雑なものだと思っていますが、愛したり、憎んだりといったあらゆる感情は、快を好み、不快を嫌うことと、神経系の活性／抑制の単純な組み合わせでできているのかもしれません（次ページの図5）。

安藤　脳は進化の過程でつくられてきた臓器ですから、快に向かうために活性化し、不快を避けるために抑制するという生物学的な基盤が、ポジティヴ感情やネガティヴ感情に結びついているというのは当然だろうと思います。

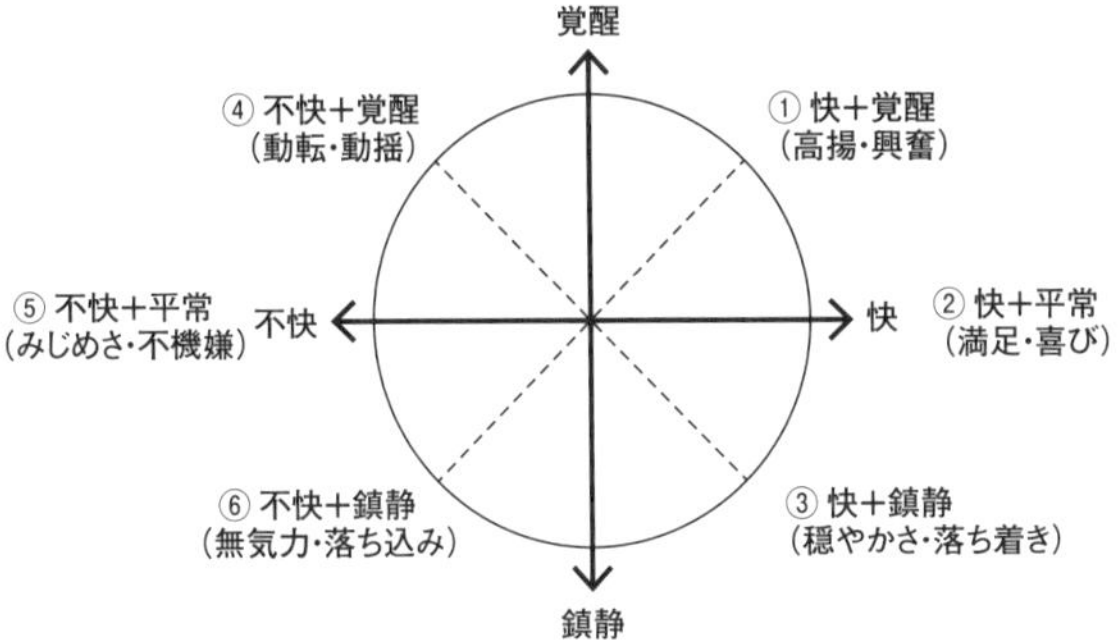

図５　心の仕組み（リサ・フェルドマン・バレット『情動はこうしてつくられる――脳の隠れた働きと構成主義的情動理論』〔高橋洋訳、紀伊国屋書店、2019年〕をもとに作成）

橘　人間は徹底的に社会化された動物なので、活性／抑制の神経系のうえに向社会的なメカニズムが加わった。それが「協調性」だというお話ですが、協調するためには、相手が何を考え、何を感じているかを知る必要がありますよね。

相手がなぜそのような行動をしたのかを理解する能力は、「心の理論（Theory of Mind：ToM）」と呼ばれます。それに対して、相手の感情を自分も同じように感じるのが「共感（empathy）」です。

これを「認知的共感」「感情的共感」と呼ぶならば、自閉症（ＡＳＤ：自閉症スペクトラム障害）の場合は、感情的共感はあっても認知的共感（心の理論）がうまく構築できない。だから、相手が悲しんでいたり、怒っていたりすることを感じて対処しようとするのですが、何が理由でそのように感じるのかが理解できずに混乱してしまう。自閉症者に特有のこうした体験は、「別の惑星から来て、自分が参加できないゲームの脇から他の種族を眺めている」ようだと表現されます。[36]

それに対して、認知的共感があっても、感情的な共感力がきわめて低いタイプもいる。この場合は、なぜそのような感情をもつかは理解できても、相手の気持ちになることができない。このタイプは、自分の都合のいいように相手を冷酷に操ることを躊躇しないでしょうから、一般に「サイコパス」と呼ばれます。

それに加えて、人間の代表的な向社会性としては、集団やリーダーにアイデンティティ融合する同調性があります。最近では、アイドルやホスト、アニメのキャラクターなどにアイデンティティ融合することは〝推し〟と呼ばれています。

いまの快楽より将来の利益を重視する堅実性も、社会生活には必要ですね。目先の利益に振り回されているだけでは、他者と協調関係になることができません。堅実性パーソナリティは、未来の自分を想像して、その利益を最大化しようとする性向ともいえます。

ビッグファイブの残りの一つである「経験への開放性」は、文化や芸術をつくりあげる原動力になったので、進化的にはもっとも新しい。その意味では、パーソナリティは「三階建て」になっていて、そのすべてに知能が関わっているというのが私の仮説です（次ページの図6）。

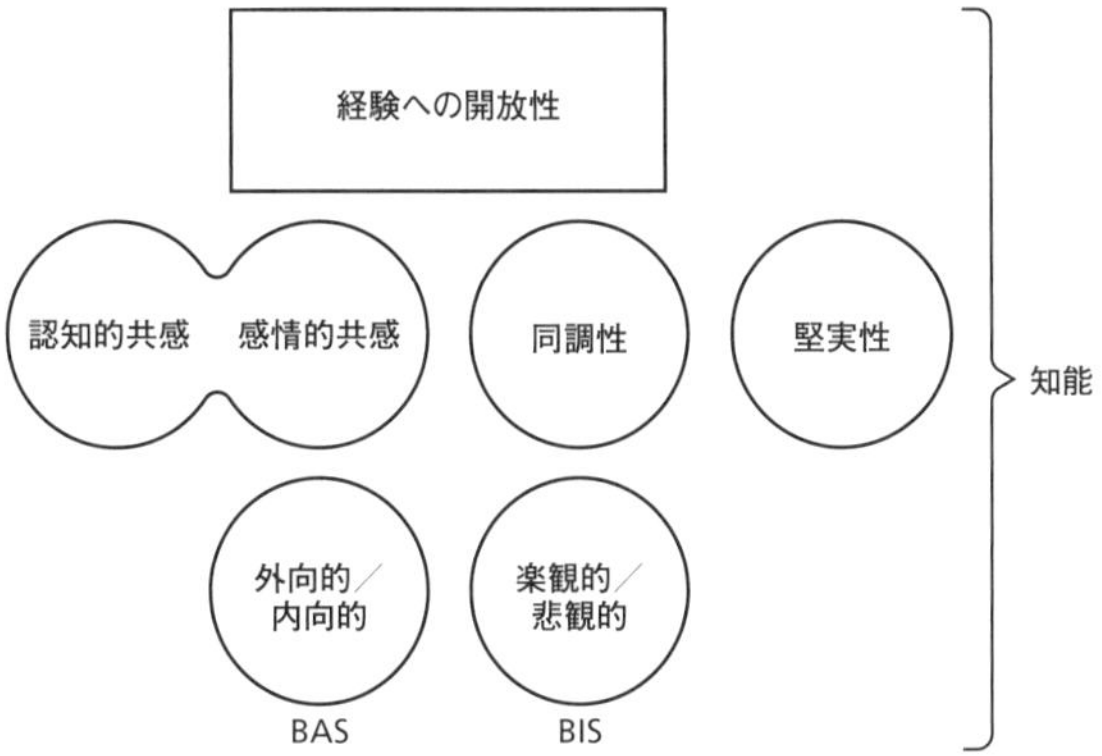

図6　パーソナリティの「3階建て」構造

安藤　へぇ、なかなか大胆な仮説ですね。これは系統発生的にこの三段階があって、知能を独立のものと考えるのではなく、いわば心的機能全体を統合する機能と考えているんですね。

遺伝と文化の共進化

安藤　パーソナリティはさらに、文化と遺伝子との共進化にも関係しているといわれています。西欧の人たちは物事を全体的に捉える傾向があるのに対して、アジア系の人たちは微細なところに目が行きやすい、つまり、西欧の人は神経症傾向が低く、アジア系は神経症傾向が高いということです。しかしこれは単にパーソナリティだけの問題ではなく、それを基盤にどう認知するか、つまり知能の機能とも密接に結びついていますね。

神経症傾向にはセロトニンを分泌する遺伝子の働きが関係しているわけですが、ある自然環境や文化環境に対して、集団として何らかの傾向をもっているほうが適応的だったために、そのように共進化したということもあるでしょう。もちろんこれまで議論してきたように、モノジェニックに、セロトニンの遺伝子ただ一つで説明できるとは思いませんが、システムとしてそうした遺伝的傾向のある人たちが選抜されるなんらかの文化的傾向が相伴っていたというのは、可能性として十分にあると思います。

橘　アメリカの社会心理学者リチャード・ニスベットが、西洋人は名詞で考え、東洋人は動詞（関係性）で考える傾向があることを、さまざまな実験で証明していますね。西洋の発達心理学では、子どもは動詞より名詞を覚えるのがずっと早いとされますが、東アジア（中国）の子どもは名詞と動詞を同時期から使い始めるようです。

興味深いのは、アジア系アメリカ人が東洋と西洋の中間で、研究によれば、アメリカで2、3年暮らしただけで、日本人の考え方は純粋なアメリカ人と区別がつかなくなるようです。[37]

ニスベットはこうした研究を根拠に、人種間の違いはすべて文化的なものだと主張していますが、遺伝と文化が共進化すると考えると、こうした「文化決定論」はさすがに極論だと思います。[38]

安藤　遺伝決定論が極端なのと同じように、文化決定論も極端ですね。パーソナリティや認知機能にはそれぞれ個人レベルでも集団レベルでも固有の遺伝的セットポイントがありますが、特定の環境に一時的に適応するために、そのセットポイントを中心として一定の範囲内で調整し、変動させることはできます。アメリカでしばらく暮らすと日本人の考え方もアメリカナイズされるというのはその調整機能のせいでしょう。

僕もアメリカで半年暮らしていたら、見知らぬ人とすれ違ったときも気軽に相手の顔を見て「ハーイ」と自然に笑顔で挨拶するようになりました。その調子でグランドキャニオンに旅行に行ったとき、たまたま日本人旅行者のバスツアーに入れられて、そこでも「ハーイ」とやったら、シラーッと冷たい雰囲気になり、自分が気づかないうちにアメリカナイズされていたことに驚いた経験があります。でも日本に帰ったら、すぐに元の日本人のセットポイントに戻って、知らない人とすれ違っても目を合わせることはなくなるわけです。

笑顔で挨拶するという行動だけなら、必要な状況のときだけ意図的に調整できるし、コミュニケーションスキルとして学習することもできる。いまでも初対面のアメリカ人と挨拶するときは、かつて学んだスキルを思い出して、意図的にアメリカ風に（うまくできてるかどうかわかりませんが）振る舞うこともできます。

では、その社会を特徴づけるほかの無数の行動様式すべてを、僕が笑顔の挨拶でしたように一つひとつ学習したのか。ニスベットはそうだと言うかもしれませんが、同じ現象を、いま述べたような局所的な意図的調節でも十分説明できます。その一方で、集団レベルで遺伝子プールの分布にはかなりの違いがある。そしてその遺伝子が個人レベルの行動と関連があることが示されている現在、それでも集団差がすべて社会的学習だけで説明できると言い切るのは、かなり無理があると思うんですけどね。

ビッグファイブと知能

橘　先ほど、認知能力はカラープリンタの黒インクのようなものという説明がありましたが、進化心理学者のジェフリー・ミラーは、「知能はパーソナリティに大きな影響を与えているのに、心理学者はポリティカル・コレクトネス（政治的な正しさ）を気にして、知能の影響から目をそむけている」と批判しています。例えば、対人知能（EQ）は「こころの知能指数」のことで、「他人の感情を感じ取る能力と、自分の感情をコントロールする能力」と定義されますが、これは要するに、共感力と知能を組み合わせたものですよね。[39]

安藤　そのことは僕もずっとおかしいと思っています。これまでパーソナリティを研究する心理学者と、知能を研究する心理学者は別々のグループになっていて、その間を橋渡しするものがない。そこで、まだ論文にできてはいないのですが、ビッグファイブと知能との関連を示唆するふたご研究のデータから、次のような仮説を考えています。

知能の重要な要素としては、ワーキングメモリが挙げられます。これは前頭前野と頭頂葉のネットワークが関わる能力で、コンピュータでいえばＣＰＵに当たります。パソコンによってＣＰＵの性能が異なるように、脳のワーキングメモリの情報処理能力も一人ひとり異なる。そしてこれは、実行機能とか自己制御能力と呼ばれている認知機能とほぼ等しい。つまり自分自身の認知行動を適切にコントロールする機能で、とくに重要なのが抑制機能なんですね。これは知識そのものではなく、どんな知識でも操作できる汎用的な機能です。

ここにＢＩＳ、ビッグファイブ理論でいえば神経症傾向が関わってきます。ＢＩＳはとりもなおさず行動抑制システムでしょう。これがうまく作動すれば不要な情報に注意が向かず、適切な情報処理が行なえる。すなわちＢＩＳというのは、情動の抑制機能を効かせすぎると不安傾向や神経症傾向として現われますが、それが認知機能に向けば、ワーキングメモリにおいて、注意を適切に振り替える役割を果たしているのではないか。

一方、人間の知能は、具体的な知識によって成り立っています。これはコンピュータでいえば、ハードディスクに格納されたデータベースやソフトウェアプログラム、アプリです。これは経験を通じて学習され、脳のさまざまな場所にいろいろなかたちで貯蔵される文化的なコンテンツです。

ふたご研究によって、ＩＱとワーキングメモリ、ＩＱとビッグファイブの経験への開放性とが、長期にわたって強く相関することが示されました。しかし、ワーキングメモリと経験への開放性の相関は、必ずしも強いとはいえません。ということは、知能はワーキングメモリとデータベースに分かれていて、それぞれに神経症傾向（抑制機能）と、経験への開放性（知的好奇心）によって獲得された知識が関わっていて、これらを合わせたものがＩＱテストで測られるのではないか。そう考えると、知能とパーソナリティの関係をシンプルに説明できそうです。

橘　面白いですね。ただ、一つの作業に集中するのが苦手なＡＤＨＤ（注意欠如・多動症）は堅実性パーソナリティの低いタイプで、ドーパミンが関わっているとされていますよね。ＡＤＨＤの対極にあるのが、特定のことに極端に執着する強迫性パーソナリティ障害（ＯＣＰＤ）で、これは堅実性がきわめて高いタイプだと考えられている。

安藤　パーソナリティを説明する概念は、このようにとにかく複雑ですよね。これが遺伝子で整理できればいいんですが、逆に複雑さを増します。例えばＡＤＨＤとドーパミンとの関係はある程度確認されていますが、それと反対方向に概念化されているＯＣＰＤとドーパミンとの関係はあまり確認されていないようです。そうすると、概念的には逆の性質とされているにもかかわらず、神経伝達物質のシステムの両極というわけではないらしい。ただ、パーソナリティ特性に随伴して認知能力が働く方向性が異なってくることについては、もっと着目されていいと思います。

天才になるか、陰謀論者になるか

橘　イギリスの心理学者ダニエル・ネトルは、「ビッグファイブの経験への開放性には一般知能が混入している」と主張しています。経験への開放性が高いタイプは詩人や音楽家が典型ですが、そこには高い知能の影響があって、一般知能を除くと、統合失調症に似たパーソナリティが残る。実際、経験への開放性が極端に高いことは、統合失調症の予測因子です。[★40]

私の理解だと、これはディスプレイの解像度のようなものではないでしょうか。経験への開放性が高い人はさまざまな要素をディスプレイに表示し、それらを自在につなげることができるけれど、解像度が粗くて何が映っているかわからないこともある。それに対して経験への開放性の低い人は、解像度が高いので映像は鮮明ですが、狭い範囲しか映すことができない。

詩人は粗い解像度で世界を広く見ていて、一見関係なさそうなものを結びつけて思いもかけない表現を生み出すことができる。スティーヴ・ジョブズのようなイノベーターは、ある発想を別の発想と組み合わせることで、iPhoneのような画期的な製品を世に出した。

ところが、経験への開放性があまりに高いと、画像をうまく統合することができずに、統合失調症と診断されることになる。日常生活を送れていても、解像度の低い映像を処理するだけの認知能力がないと、世界を論理的に構成できずに「陰謀論者」になるというのが私の解釈です。

アインシュタインには統合失調症の子どもがいるし、映画「ビューティフル・マインド」の主人公で、ゲーム理論でノーベル経済学賞を受賞した数学者のジョン・ナッシュは本人も統合失調症に苦しみ、子どもも重度の統合失調症です。高い知能と高い経験への開放性の組み合わせは、人類の文化に大きな貢献をしてきましたが、その才能はあやうい均衡のうえに成り立っているのかもしれません。

安藤　経験への開放性を経験の受け止め方の粒度(解像度)ととらえる見方は面白いと思います。ある高ＩＱのギフティッドの方と話したことがあるのですが、同じものを見ても普通の人には見えないものが見えてしまうことがあるらしい。その人は巻いてあるビニールテープを何十分も見ていられるといっていました。天才的な芸術家やアスリートも、きっと凡人とはけた違いの粒度で対象刺激や身体刺激を受け止めているに違いありません。

知能の高低はイデオロギーで異なる？

橘　認知科学者のハワード・ガードナーの「多重知能」理論が一時期話題になりましたね。ＩＱで計測できるのは論理・数学的知能や言語的知能だが、それ以外にも音楽知能、運動知能、対人知能など、さまざまな知能のタイプがあるという主張です。でもこれは、ジェフリー・ミラーがいうように、一般知能とパーソナリティや能力の組み合わせで説明できてしまう。

多重知能などという面倒な理屈を唱えなくても、対人知能（ＥＱ）は知能と共感力の組み合わせ、音楽知能は音楽的な能力と知能の、運動知能は身体的能力と知能の組み合わせと考えたほうがずっと理にかなっている。知能に触れずにパーソナリティや才能について語ろうとするから、こんな当たり前のことに気づけないのではないでしょうか。

安藤　僕もガードナーの多重知能理論には違和感をもっていました。教育現場でＩＱだけでない多様な個性を評価しようというプラクティカルな文脈で使うならそれなりに有益ですが、それをＩＱ理論に代わる知能理論だといわれると、七つや八つの知能だけでなく、他にももっといろんなタイプを想定できてしまう。そもそもタイプ論に持ち込むこと自体が不適切かもしれない。やはりパーソナリティと知能を関連づけて語る習慣がないことが問題ですね。

橘　リベラルと保守のような政治イデオロギーにも、知能の問題が強く関わっています。一般にリベラルは知能が高く、保守は知能が低いとされていて、実際、子どものときの知能で、大人になってからどのような政治イデオロギーをもつかが予測できるという研究もあります。[★41]

　でもより詳しく見ていくと、保守だからといって知能が低いとはいえない。シリコンバレーの著名投資家でトランプ支持者でもあるピーター・ティールは13歳以下のチェス選手権で全米7位にランキングされたし、トランプの最大の資金支援者であるロバート・マーサーは、ヘッジファンドで金融市場のモデリングをして大富豪になった数学とコンピュータの天才です。トランプの岩盤支持層が高卒や高校中退の白人労働者階級だとしても、共和党支持者の平均所得は民主党支持者よりも高い。これは、社会的・経済的に成功した人のなかに保守派が多いからでしょう。

　そのように考えると、保守派の特徴は言語能力が低いことではないでしょうか。論理的・数学的能力が極端に高いと、心の理論がうまく構築できず、他者とのコミュニケーションに困難を抱えることがあるとされています。[★42]その極端なケースが自閉症ですが、ティールやマーサーのパーソナリティをうまく説明しているように思えます。

安藤　うーん、保守派にも言葉巧みな人はいそうな気がしますし、リベラルも言語化できずに感情任せの人もいるように思いますけど。ただ確かに、新しいことを説得的に示すためには、ジャン・ジャック・ルソーのように雄弁でなければならないでしょうね。

いずれにせよ人間の知能において、言語が大きなウェイトを占めていることは間違いありません。情報処理能力には、図形処理や数学的処理、記号的処理などさまざまな種類があるのに、人間という種は圧倒的に言語に依存しています。おそらく初期の人類にとって、音声を分節して、さまざまな概念を他者と共有する能力をもつことが適応的だったのでしょう。

パーソナリティと言語的知能との結びつき

橘　それでも言語的な能力にはかなりの個人差があって、言語的知能の高い子どもはあまり怒られない。なぜなら、自分の行動を説明できるから。

子どもがいたずらをしたとき、親や先生は「なんでそんなことをしたの⁉」と叱りますよね。言語的知能の高い子どもはそのとき、「〇〇だと思ったから」「先生が××と言っていたから」「友だちがやっていたから」などと説明できます。

そうすると大人は納得して、「でもそれは間違っているからやっちゃダメ」と子どもを諭して話は終わる。ところが言語的知能の低い子どもは、そういう場面でうまく説明できないので、黙り込むしかない。

安藤　わからなくなると「うっぜぇんだょ！」しか言えなかったりしてね。そういう男の子は、よく女の子に言い負かされてしまったりします（笑）。

橘　言語能力には性差があって、女の子のほうが発達が早いですからね。子ども同士でも同じかもしれませんが、大人が子どもを「なんでそんなことをしたの!?」と怒るのは、因果関係がわからないと不安だからです。ホラー映画が怖いのは、殺人鬼の行動が常識では理解できないからですよね。同じように、自分の行動を説明しない子どもは、傍から見てとても不気味に感じる。

「なんでいつもそうなの！」「ちゃんと説明しなさい！」と大人の怒りがエスカレートすると、言語的知能が低かったり、心の理論がうまく構築できない子どもは、未知の世界を怖いところだと感じるようになる。そうなると、友人や知り合いだけの狭い世界で生きていくほうが快適になるでしょう。みんなが自分のことを知っていれば、いちいち説明する必要がないから。これが「保守」のパーソナリティだというのは、とても納得感があります。

それに対して言語的知能が高いと、問い詰められても説明できるので、未知の世界を恐れる理由がない。違う国の文化や宗教に興味をもち、留学したり海外で働いたりすることを面白そうだと思い、恋人をつくるときも、異なる文化圏の相手のほうが刺激的だと感じる——これは「リベラル」の典型的なパーソナリティです。

安藤　そうでしょうね。あとでも触れますが、人間の脳は一種の予測器です。過去の経験を元に、未来のモデルを予測しようとする。どのような人であっても予測可能な社会にいるほうが安心できるのは同じですが、アプローチの仕方に違いがあります。

過去の経験から予測できる範囲で生きていくというストラテジーを取るのが保守。予測できない出来事を面白いと感じて経験の幅を広げていくのがリベラルのストラテジー。両者はどこで危険だと感じるかの閾値も違うでしょうね。

言語を用いることで他者と知識を共有したり、他者を説得したりできる。これは教育の基盤でもあります。言語的な情報伝達を通じて、自分が感じているのと同じ心の状態を、他者の心にもつくり出せる。才能ある個人の思いつきがその人だけのものに留まらない、みんなで使えるものになる——。

言語のこうしたメカニズムによって、人類は個体としては脆弱であるにもかかわらず、集団としては非常に強力な種となった。パーソナリティと言語的知能との結びつきは、こうしたところからきているのではないかという気がします。

外見と人間の本性

橘　知能と同様に、アカデミズムのなかでタブーになっている重要なパーソナリティの要素に「外見」と「性差」があると考えています。

安藤　僕も勉強不足でこれまではあまり触れてきませんでしたが、進化心理学ではそれなりの研究の蓄積がありますね。ただやはりキワモノという感じはします。少なくとも「まじめな」教育心理学や発達心理学では取り上げられませんね。せっかくなので少し考えてみましょうか。外見や性差は、その人のパーソナリティと確実に関係があるはずですから。

橘　そうですよね。最近では、脳は進化したシミュレーション器官であり、ベイズ統計的な予測装置だと考えられるようになりました。過去から未来へと続く「自己（わたし）」という虚構をつくり出すことで、「あのとき、こうしておけばこんなことにならなかったのに」という反省や、「いまここで頑張れば、将来はうまくいくはずだ」という希望をもてるようになった。これは他の動物には見られない、ものすごく強力な認知機能です。

脳のシミュレーションの中心にはつねに「わたし」があって、物語（エピソード記憶）として構成されています。これはどれほど強調しても強調し足りないと思いますが、私たちは、自分を主人公とする物語としてしか世界を理解することができない。自分は地球上の80億分の1に過ぎないと、世界を客観的に認識できるようになると、おそらく重度のうつ病と診断されるでしょう。

安藤　シェイクスピアも、「この世はすべて　一つの舞台、男も女も　人はみな役者に過ぎぬ」と書いてますよね（喜劇「お気に召すまま」）。

橘　「役者」として人生の物語をつくっていくなら、まずはキャラクターを決めなくてはならない。とはいえ、メタバースならともかく、現実の世界では、映画でもドラマでも、誰にどの配役をするかのもっとも重要な要素は性差、つまり主人公が男か女かで、次は外見でしょう。だとすれば、世界という舞台の上で自分のキャラ＝パーソナリティを決めるときに、性差と外見が影響しないはずがありません。でもこれまでパーソナリティの心理学は、ずっとこの重要なことを無視してきた。

安藤　いちおう心理学を擁護しておくと、顔だけではなくプロポーションなども含めたセクシャルアトラクティヴネス（性的魅力）についての研究はありますから、心理学者全員がこの分野に手を出していないわけではありません。

ただそれらは主に他者認知としてのアトラクティヴネス、つまりほかの人の容姿を魅力的と思うかどうかであって、自分の容姿をどう評価するかとの関係で見ている研究はあまりないように思います。

性差を語らないことの何が問題か

橘　近年の心理学の大きな問題は、パーソナリティにおける男女の性差に意図的に触れないようにしていることではないかと思います。男と女が（トランスジェンダーも含め）平等な人権をもつことは当然ですが、兄弟姉妹のいる家庭の親や教育関係者がみな知っているように、男児と女児にはかなり大きなパーソナリティの違いがある。

「行動遺伝学の3原則」の第一は「ヒトの行動特性はすべて遺伝的」ですから、男と女の「表現型」としての違いの背景にも生物学的な基盤があることは間違いない。それは「男性ホルモン」と呼ばれるテストステロンや、「女性ホルモン」と呼ばれるエストロゲンやプロゲステロンに関係しているでしょう。この当たり前のことを否定して、男と女のパーソナリティをまったく同じに論じるのは荒唐無稽だと思います。

安藤　学問としては生物学的な性差についても踏まえておく必要が絶対にあるのですが、「男」「女」を画一的に語ることへの社会的な風当たりの強さが反映されているのかもしれません。

橘　欧米では、生まれたばかりの赤ちゃんにも一定の性差があるという研究に対して、重箱の隅をつつくような批判がされています。新生児が人間の顔とモビール（紙やプラスチックを糸でつるしたオモチャ）のどちらを好むかを調べた実験では、男児がモビールを、女児が人間の顔を長く見つめました。この結果は生得的な性差を実証したとして話題になりましたが、その後、実験を行なった22歳の女子大学院生が、何人かの赤ちゃんの性別に気づいていたと認めたことで激しい批判にさらされます。この大学院生にはジェンダー・ステレオタイプがあり、その偏見が新生児に伝わって実験結果を歪めたというのです。この「スキャンダル」によって、彼女は博士号は取得したものの研究者への道をあきらめたそうです[★43]。これに比べれば、日本はまだマシなほうかもしれませんが……。

安藤　何があっても認めない、イデオロジカルに信じないという人が力をもっているのもアメリカですが、イデオロギーに対してきちんとしたエビデンスを示そうとするのもアメリカですね。強固なイデオロギーに対して科学的エビデンスはしばしば無力ですが、しかしそれでも示し続けなければいけないと思います。

橘　英語圏では証拠を示さないとすぐに「キャンセル（抹消）」されてしまうから、エビデンスベースの議論が発達したという面はあるでしょうね。

安藤　生物学的な研究の蓄積がある事柄は、エビデンスを示しさえすればある程度社会的に許容してもらえそうに思いますが、性差については、奥歯に物をはさまないと何かが言えないという感覚はわからないではないですね。

例えば「人種」は考えられてきたほど境界がはっきりあるわけではなく、実際、白人と黒人の間に明確な生物学的な境界がないこと、その意味でヒトという種は一つだというのは、少なくとも科学的にものを考えられる人のあいだではもはや常識になっていると思います。ヒトは神がほかの動物とは違う存在としてつくり給うたというキリスト教の教義すら、ダーウィン以来のエビデンスが覆してくれました。一見明らかな境界線がありそうだと思っていたことが、学問的な研究によって、さっきの言い方をすれば、解像度の高い認識が得られたことによって、そんな境界などないんだということが明らかにされてきたからでしょう。

しかし男性と女性は、明らかに形態的にも機能的にも異なる生物学的二型です。LGBTQへの認識が社会に浸透してきたのは、解像度を高くして見ると性自認や性的指向のような心理面でこの境界が絶対的なものではないことがわかってきたからですが、形態的・機能的にはやはり違いがある。そして人類史を見ると、おそらくどの時代どの文化のなかでも、性による分業がなされてきたこともまぎれもない事実でした。いろいろな意味でそのほうが社会秩序をつくるのに便利だったからです。

しかし、この区別がより大きな差別や格差の源だと認識されるようになったこんにち、それを理性によってなくさねばならないという思想が主流になってきたことは、倫理的に正しいことだと思います。おかしいのは、「性による差がある、ゆえに性によって差別をしてよい」という自然主義的誤謬に対抗して、「性による差別があってはならない、ゆえに性による区別はない」と主張する自然主義的逆誤謬をここでも犯していることです。

かつてヒトが生息していた十数万年前から数万年前の環境を想定し、進化の過程で獲得してきた心理的特性はどのようなものかを分析する。そして、現代社会がそうした環境からどれくらい乖離したのか、あるいはしていないのか、その差分をきちんと認識する必要があるでしょう。そのうえで差分を新しい思想や制度、習慣によって補うことができれば、社会的な問題は解決に向かうし、結果として現代人のストレスは減るのではないか。現時点ではまったく抽象的ですが、そうしたことがいえるのではないかと思います。

「モテ」に関する男女差

橘　外見を無視することのいちばんの問題は、男女の性愛を論じられなくなることではないかと思います。最近読んだ研究では、さまざまな個人の外見の違いを比較するのではなく、同じ人に異なる化粧をさせて印象の違いを論じていました。現実世界には多様な外見の人がいるのに、はたしてこれで客観的な実験になるのか、きわめて疑問です。

１９９０年代に行なわれた実験では、被験者にいろいろな男女の顔写真を見せて、魅力的かどうかを調べていました。それによると、美男／美女かそうでないかにはかなりのバラッキがあるが、ある人から魅力がないと思われても、別の人は魅力的だと感じていた。[*44] でもこれは、考えてみれば当然で、ごく少数に人気が集中し、ほかはまったく相手にされないのであれば、子孫の数を最大化できません。

偏差値でいえば40から60の範囲（全体の約68・3％）の外見なら、その人を魅力的だと思う相手がどこかにいる。この実験では、あまりに美人だと男が怖れて近づかないとか、男はデートの誘いが成功するかどうかと外見があまり関係ない（おそらくはコミュ力が関係している）ことも示されていました。

安藤　行動遺伝学でこのテーマで問題になるのは、アソータティヴ・メイティング、つまり表現型を手がかりに遺伝的にも似た者同士が結婚して子どもをつくる傾向ですね。これがあると二卵性双生児の類似性も高くなり、共有環境に組み込まれて遺伝率が低く見積もられることになるので注意が必要であると。で、ヒトの場合、知能や社会的価値観でこのアソータティヴ・メイティングがしばしば見られます。しかし外見が決定打にならないとすると、マッチングサイトなどでは、どのような基準でパートナーが選ばれるのですか。

橘　出会い系サイトや婚活サイトのビッグデータを分析すると、女性がモテる基準は年齢で、若いほどモテる。それに対して男性がモテる基準は年収というのが、一貫した傾向のようです。[*45] これは進化心理学の予想と整合的で、利己的な遺伝子にとっては、若い女性ほどより多くの子どもを産めるから価値が高く、より大きな資源をもつ男を確保すれば、女性は自分と子どもの生存確率を高めることができる。このような主張はかつてなら「性差別」といわれたかもしれませんが、婚活サイトのデータがあまりにもあからさまなので、近年では批判の声もあがらなくなってきたようです。

男女の性の非対称性

橘　恋愛の性差で興味深いのは、男の場合、友人の新しい彼女の外見には興味があるのに、仕事や家族構成など個人的な事情にはほとんど関心をもたないことです。それに対して女同士だと、新しい恋人について微に入り細に入り、説明しなければいけなくなるといいます。この違いは生得的なものか、社会的につくられたものなのか気になります。

安藤　大学院時代のとても冷静で理知的な友人が、あるとき真面目な顔して「男は基本的にどんな女とでもやりたがるものなんだよ」と露骨な言い方をしたので、はじめはギョッとしたのですが、次の瞬間、そうかも、と思いました(笑)。サルでもオスはメスの個性に関心をもちませんから、かなり生得的なことなのではないでしょうか。

橘　オスはほぼ無尽蔵に精子をつくれるので、性愛の最適戦略は、妊娠可能なメスととにかく交尾することになりますからね。それに対してメスは、妊娠・出産や子育てに大きなコストがかかるので、交尾するオスを選り好みするようになる。これが進化心理学の基本的な考え方ですが、人間の性愛を見ていても確かにそうだなと思います。

女同士だと選り好みの結果に関心があるから、パートナーについての説明責任が生じる。でもこれは、必ずしも年収が高いとか、一流企業に勤めているといったことにかぎりません。

妻がバリキャリで家計を支え、夫がほぼ専業主夫になっている知り合いがいますが、夫婦仲はとてもうまくいっている。なぜかというと、夫は稼ぎはないけど、有名な賞をとった画家だからです。これで彼女は、なぜその男性と一緒になったのかという説明責任を果たすことができる。

しかしそうなると、女性にとって説明のできる要素がない男性は、かなり厳しいことになります。「あなたの彼はどういう人？」と聞かれて、「ずっと引きこもりだったの」と胸を張って言える女性はほとんどいないでしょう。

安藤　その説明責任は必ずしも現在進行形だったり、実際に社会的に有名だったりする必要はないんでしょうね。高校のときにスポーツで全国大会に出たとか、ボランティアとして地域への貢献で表彰されたといった、ニッチでローカルなことだったとしても、そうしたストーリーが一つでもあれば女性も納得できるし、女同士のコミュニティでマウントがとれる。昭和の名曲、都はるみと岡千秋の「浪花恋しぐれ」もそういう歌ですよね。とんでもない女たらしの酒飲みだけど、日本一の噺家になると豪語する桂春団治を奥さんが必死に支えようとする。夢や理想を真剣に追い求める男の姿が魅力的なんでしょうかね。

橘　Netflixで評判を呼んだ「浅草キッド」も同じですよね。ビートたけしの師匠、深見千三郎を美人のできた奥さんが支える。あまり大きな声では言えませんが、私のまわりにも「なんでこんなダメな男につくすの？」と不思議に思うケースがあります。モテるのはたいてい、だらしないけど才能はあるという中途半端な男で、「自分が支えてもういちど輝かせる」という夢が描きやすいんでしょうね。

安藤　確かに僕のゼミでも、ダメ男ばかり好きになると嬉しそうにぼやいていた女の子がいます（笑）。自分一人で成功できる男はつくしがいがないんでしょうね。

橘　みんな「わたし」の物語を生きているわけですが、男は舞台の中央で輝きたい。女も自分が主役になりたいと思っているでしょうが、そうでない場合は主役に共感し、輝かせる役になりたい。これをいうと怒られそうですが、こうした傾向は、ある種の生物学的基盤の上に、文化的・歴史的な影響が重なってつくられてきたのではないかと思います。

安藤　最近、そのことを考えさせられたのが、ロシアによるウクライナへの侵略です。ウクライナの男性は戦うため母国に留まり、女性や子どもを逃がしました。内心逃げたい男性もたくさんいたとは思いますが、そういった騎士道精神も、生物学的な基盤の上につくられてきたのでしょう。自分の遺伝子をもっている子どもは絶対に助けなければいけないし、それを庇護する女性も助けなければいけない、と。

橘　こういう言い方は反発があるかもしれませんが、男の自己犠牲は常に生殖と結びついている。生き残って英雄になれれば、人生のすべてが変わりますから。アクション映画というのは、こういう話ばかりですよね。

男女の生物学的な性の非対称性から、性愛の第一段階では女が男を選択し、第二段階では、競争に勝ったアルファの男(イケメン)が女を選択する。最初の競争に勝ち残るには、富や権力では年配の男に劣る若い男は、一発逆転のハイリスクな行動に賭けるしかない。実際、回転寿司店で醤油さしを舐める〝ペロリスト〟から、無差別殺人を行なう宗教原理主義のテロリストまで、世間を騒がせるのはほとんどが若い男です。しかし同時に、シリコンバレーの起業家を見ればわかるように、知能の高い若い男の大胆な挑戦が人類の進歩を支えてきた。

競争には性ホルモンのテストステロンが関係しているとされますが、男のテストステロン濃度は女の60～100倍とされます。生殖レースの最底辺からスタートしなければならない若い男がリスク指向になるというのは、よくできた進化の仕組みだと思います。

生物としての特性は無視できない

橘　ここまでパーソナリティについてさまざま議論してきましたが、歳を重ねるにつれて、パーソナリティが変化するということはあるのでしょうか。

安藤　どういう風に神経質さや堅実性が変化するかについては、遺伝的な影響が半分程度あることがわかっています。ただ、経時的な研究によれば、歳を取ると神経質さが減少する一方、堅実性は増していく、要するに物事に動じなくなっていくという傾向が見られます。これには性差もあって、女性の場合、思春期になると神経質さ、堅実性がすごく高くなり、そのあとで下がっていく傾向があります。ただしこれは集団としての平均値の話なので、個人差の安定性にはやはり遺伝的な影響が無視できません。

橘　大人になったら自然と落ち着きが出る、という世間的な常識がデータに反映されている。

安藤　そういうことだと思います。10歳くらいだとまだ少し不安定ですが、だいたい思春期の後半、15歳から20歳くらいでパーソナリティはほぼ安定します。

橘　久しぶりに同窓会に出て、外見はすごく変わっているのに、話した瞬間に誰なのかすぐにわかるのは、パーソナリティが変わらないからですね。でも考えてみれば、これはなかなか恐ろしい話でもある。子どもが思春期になったら、将来どういう人間になるか、だいたい決まってしまうということですから。

安藤　そのとおりです。だからこそ、思春期後半で安定してきた形質（パーソナリティ）を手がかりに、自分の特性を活かせる環境を探すべきだと思います。環境に無理矢理自分を合わせようとするのではなく、特性に合った環境を探して、それに応じた知識を学習する。あるいは自分の遺伝的な素質に合うような環境を自分から創り出す。そうすることで、人生における成功確率はグッと高くなるはずです。

橘　世の中にあふれる成功法則は、生物学的な基盤を無視してますからね。成功者のパーソナリティを調べたらみんな外向的だったとすると、ここから「外向的、積極的になれば成功できる」という〝法則〟が導き出されるわけですが、これは二重の意味で間違っています。

一つは、統計学の基礎ですが、相関関係と因果関係は異なること。成功者に外向的なパーソナリティが多いとしても、外向的なら成功できるとは限らない。実際、ギャンブル依存症やドラッグ依存症には外向的な人が多い。脳科学のレベルでは、外向的とは快感の閾値が高く、多少の刺激では覚醒度が上がらないので、強い刺激を好むことだと説明されます。

もう一つは、行動遺伝学の知見が示しているように、パーソナリティには半分程度、遺伝の影響があること。そのうえ思春期を過ぎると、パーソナリティは安定して、ほとんど変わることがないわけですよね。生得的に内向的な人に向かって、「外向的になれば成功できる」と強要するのは精神的な虐待です。

安藤　これについては「外向・内向」に対する誤解もあるんじゃないでしょうか。内向的というとネクラとか陰キャと思われがちですが、ユングのもともとの定義は心的エネルギーが外に向かうか、内に向かうかの違いです。

橘　それでいえば、最近では「内向的なほうが経済的に成功できる」といわれるようになりました。政治家や芸能人、スポーツ選手には外向的な性格の人が多いので確かに目立ちますが、医師、弁護士、会計士や研究者、エンジニアのような専門職は内向的な性格のほうが有利なことが多い。[★46]アメリカでは、内向的とされるアジア系が、外向的とされる白人より世帯所得が3割以上も高いのですが、これがその理由の一つだとされています。「嫌われる勇気」をみんながもてるわけはないし、勇気だけで状況が変わるわけでもない。下手をすれば、さらに悪化することもあるでしょう。パーソナリティを変えるという成功法則に従っていると、いずれ破綻する可能性が高いと思います。

安藤　外向性と生涯賃金の相関を調べれば、営業マンや外資系の会社であれば、外向性の高い人はそうでない人よりも生涯賃金が高いという傾向が出てくるかもしれません。だけど、その相関は決して劇的に高いものではないだろうし、そもそもどんな職業集団かによって結構違うんじゃないかと思います。

こうした結果を見る際に重要なのは、効果量です。仮に、生涯賃金という変数が外向性で80％説明できるというのであれば、どのような手段を用いても外向的になる価値があるかもしれません。ですが、行動遺伝学の知見から考えて、外向性の効果量が50％もあるとは考えにくい。僕はそういうデータをもっていませんが、効果量が大きかったとしてもせいぜい10％、20％というレベルだと思います。

効果量が10％あれば統計的には十分有意だとはいえますが、生涯賃金にはほかにもさまざまなファクターが関わっています。それほど効果量の大きくない外向性を無理に上げようとするより、自分がもっている遺伝的な素質のうち、無理なく伸びそうなものを探して伸ばしていったほうが効率的ではないかと思います。

橘　成功している人をやみくもに真似ようとするのではなく、生物の形質は安定しているからこそ、自分のベースを意識して環境に戦略的に対応したほうがいいということですね。

安藤　しかも人間の場合は寿命が長いですから、10年、20年という時間をかけることも可能です。だから、個人の特性の発露を容認して、じっくり時間をかけ、よいかたちで増幅できる社会が望ましい。

橘　そのように考えると、性愛にしても、成功法則にしても、生物学的な基盤を無視した空理空論（「こうなったらいい」という願望や、「こうあるべきだ」という信念）が広く信じられていて、それが個人を不幸にしたり、社会に無用な揉め事を起こしているように思えます。

第5章 遺伝的な適性の見つけ方

マシュマロテストをめぐる最新の解釈

橘　アイデンティティは「自分らしさ」とか「私が私であること」と定義できますが、これまでのお話だと、それは遺伝と非共有環境すなわちランダムに起こる偶然の出会いによってつくられ、共有環境の影響は大きくないか、パーソナリティについてはゼロ、すなわちまったくないということでした。

発達心理学者のジュディス・リッチ・ハリスは、共有環境とは主に子育てのことで、その影響が小さいということは、子育ての効果とされるものの大半は親から子への遺伝だと主張して論争を巻き起こしました。行動遺伝学者のロバート・プロミンも、共有環境の影響は小さく、非共有環境はランダムな変数で制御できないのだから、子どもの未来を知るうえで重要なのはポリジェニックスコアすなわち遺伝だと"*Blueprint*"で述べています。

それに対して近年、マシュマロテストが再現性の批判にさらされています。心理学者のウォルター・ミシェルによる「社会心理学でもっとも成功した実験の一つ」とされるもので、子どもがマシュマロを我慢できるかどうかで、大人になって成功できるかどうかがわかると主張して大きな衝撃を与えました。

標準的なマシュマロテストでは、3歳の子どもが机と椅子以外、何もない部屋に入ると、机の上にはマシュマロが1個置かれている。子どもたちは「15分間マシュマロを食べるのを我慢したらもう一つもらえる」と告げられ、一人で部屋に残されます。誰も見ていないと思っている子どもがどのような行動を取るかを、実験担当者がカメラで撮影して調べるというのが基本的な流れです[★47]。

ミシェルによれば、子どもがマシュマロを食べるのを我慢できるかできないかは堅実性パーソナリティを反映していて、それは成長してもほとんど変わらないとされます。実験に参加した子どもたちが10代、20代、30代と成長していくのを追跡した結果、マシュマロを我慢できた、つまり堅実性の高い子どもは成功する割合が高く、我慢できなかった子どもはあまり成功しなかったというのです。

マシュマロテストに対しては多くの再現実験が行なわれ、SES（社会経済的地位）で説明できるとの反論も出てきました。恵まれた家庭の子どもはマシュマロを我慢できて、貧しい家庭の子どもは我慢できない傾向があった。要するに「中上流階級の子どもほど成功しやすい」という当たり前のことを言っているだけで、犯罪率の高い地域で暮らしている子どもにとっては、もらえるかどうかわからない将来のマシュマロより、目の前のマシュマロを確実に手に入れることのほうが合理的だ、というわけです。

SESなどの環境要因だけで将来的な成功が決まるのであれば、行動遺伝学の原則が覆されてしまう。そもそも、小さな子どもがマシュマロを我慢できるかできないかで、遺伝的なパーソナリティがわかるものなのでしょうか。

安藤　それが、じつはけっこうわかります。マシュマロテストと同種の実験として、コロラド大学ボールダー校の三宅晶教授による、ワーキングメモリ研究があります。これは双生児200組を対象に、2、3歳から17歳くらいまでを追跡調査したものです。

この研究が開始されたのは2000年代の初めで、ちょうどその頃、僕もコロラド大学に留学していて、三宅教授のプランを聞いて感心した記憶があります（この結果をまとめた論文が2011年に発表[★48]）。

被験者は、ワーキングメモリを調べる9種類の課題をこなすのですが、課題の一つひとつは誤差成分が多く、それぞれの遺伝率もせいぜい30％にすぎません。しかし、9種類ある課題の結果を統計的に処理することで、面白い結果が出てきたのです。

ワーキングメモリは、大きく分けて三つの機能で構成されていると考えられています。一つは抑制機能、二つめは注意を適切な対象に向けるスイッチング機能、三つめは古い情報を新しい情報で上書きする機能です。この研究では、課題の結果を統計的に処理して抑制機能を抽出し、ほかは全部誤差として振り分けました。こうして抽出された抑制機能は統計的に誤差を取り除いてつくり出された成分なのですが、この遺伝率を調べるとほぼ100％だったのです。

さらに、被験者が2、3歳の頃に行なったマシュマロテストの結果と、その14〜15年後の抑制機能の相関係数を調べると0・5くらいありました。相関係数が0・5というのは、すごく高い数字です。最初のマシュマロテストから十数年経っているのに、これだけ高い相関が見られたのです。

子どものときに行なわれたマシュマロテストの結果と、ワーキングメモリの中心的機能はかなり重なっていて、なおかつ遺伝的影響が非常に大きい。ちなみに、同様の実験は他の研究グループも行なっており、結果は再現できています。

橘　批判の多いマシュマロテストですが、3歳児がマシュマロを食べることを我慢できたか、できなかったかが、10年後、20年後の社会経済的な成功に結びついても不思議でないということですか。

安藤　身も蓋もない答えになりますが、要するにそういうことです。

就学前教育の効果は小さいのか

橘　では、SESや教育が子どもの将来に与える影響はどうでしょうか。

安藤　こうした分野の皮切りは、ノーベル経済学者を受賞したジェームズ・ヘックマンが紹介して広く知られることになった、ミシガン州の幼稚園で1962年から行なわれたペリー就学前研究でしょうね。

この研究は、アフリカ系アメリカ人の3～4歳の未就学児123人を対象に、デトロイト近郊の貧困地域にある幼稚園で行なわれました。被験者になったのは低所得世帯で、なおかつ学校教育上のリスクが高いと判定されたIQ70～85の子どもたちです。

この子どもたちからランダムに選んだ58名には質の高い就学前教育を施し、残りの子どもたちと比較するというのが実験の趣旨です。子どもたちのSES（社会経済的地位）はものすごく低く、放っておけば勉強しないどころか、ちゃんとした仕事に就かないで刑務所に収監される割合が過半数……そのような環境です。

選ばれた被験者への「質の高い就学前教育」は、かなり徹底した介入でした。毎日幼稚園に通って、午前中は児童心理学などの専門家による2時間半の自主性を高めるレッスン、教師による週1回90分の家庭訪問、親を対象とした月1回のグループミーティングを2年間受けさせられます。その後、被験者グループと対照グループに対して、11歳までは毎年、その後は14、15、19、27、40歳の時点で追跡調査が行なわれました。

就学前教育の結果、被験者グループのIQや学力は一時的に上昇したものの、8歳前後では対照グループとの差がほとんどなくなりました。一方、収入や犯罪率、持ち家率、生活保護を受けた割合は、被験者グループのほうが対照グループよりも良好な数値を示しました。ただし、実験結果を統計的に分析すると、収入、犯罪率、持ち家率などに対する「質の高い就学前教育」の効果量は、だいたい3％から4％しかありませんでした。

橘　広く喧伝されている印象と比べると、かなり少ないですね。

安藤　そうです。確かに統計的に有意な差はあるのですが、それほど大きな効果量ではありません。ポリジェニックスコアで知能の遺伝率を15％程度説明できているわけですから、それに比べると就学前教育の効果ははるかに小さかったということです。

橘　それは、就学前教育にはさしたる意味がないということですか。

安藤　効果がないわけではありません。その後にヘックマンらが行なったメタ分析[49]で、就学前教育によってIQそのものは上がらないけれど、社会的に望ましい効果があることが示されています。ただし、一定の効果があるのは3歳以前までに介入した子どもたちで、それよりも年齢が上になってしまうと効果はかなり小さくなります。

この結果は、タークハイマーらが行なった行動遺伝学の研究とも整合性がとれています。SESが低い世帯では共有環境の影響が強く出る、つまり子どもが幼いうちによい環境を継続的に与えてあげれば、それなりによい効果があるということです。

ここからは僕の想像ですが、幼いときによい環境の影響を受けたグループは、その後も同じグループの友だち同士で影響を受けつづけ、生活態度や言葉遣いが変わるとか、そういった環境の影響も関わっているのかもしれません。その効果が生涯にわたって続くのなら、相当劣悪な環境にいる子どもに徹底的な就学前教育を行なうことによるメリットはおそらく一般化できると思います。

しかし、そもそも日本の場合、マシュマロテストの比ではないくらい、子どもに我慢させる文化ですからね。そういう文化の下で、子どもに我慢させれば成績がよくなるとか、将来の収入が高くなると主張するのはまったくナンセンスではないでしょうか。むしろ、ストレス過多になる子どもが増えるのではないかと危惧しています。

橘　知能をつかさどる脳の部位とされる前頭葉や頭頂葉の遺伝率が9割に達するのに比べ、自己に関わるエピソード記憶をつかさどる内側側頭や帯状回の遺伝率は5割から6割で、共有環境の影響はほとんど見出されず、非共有環境の影響が相対的に大きいというデータを安藤さんは紹介されてますよね。[★50] ヘックマンの発見は大きな影響力をもちましたが、けっきょくはこうした脳の生物学的な特徴で説明できるのかなとも思います。

教育の限界効用

橘　子ども時代の環境の重要性を強調する人はたくさんいますが、いつも疑問に思うのは、遺伝の影響をまったく考慮していないことです。親が成功したのは知能と堅実性が高いからで、子どももその資質を受け継いでいると考えたほうが、ずっとシンプルです。

安藤　家庭環境と社会的・経済的成功の関係は必ずしもリニアではありません。イメージで説明するなら、ブランド物ばかり買う家庭と、ユニクロやワークマンすら買えない家庭では所得に大きな差があり、その結果、環境要因にも大きな違いがあるでしょう。ですが、ユニクロなら買える家庭であれば、ひとまず着るものには困りません。最近はデザインもおしゃれですから、ちょっと見ただけだと値段の違いなんか気にならない。

食べ物が健康に与える影響にしても、スーパーでいつも高価な食品を買う家庭と、安い食品しか買えない家庭とでは、そこまで差が出るわけではありませんが、著しい貧困で栄養失調になるほど食品が買えないとなると状況はまったく変わってきます。だから、SESと健康の関係をグラフにすると、右肩上がりの直線にはならないはずです。SESがあるポイントに達するまでグラフの傾きは急ですが、そこから先の傾き

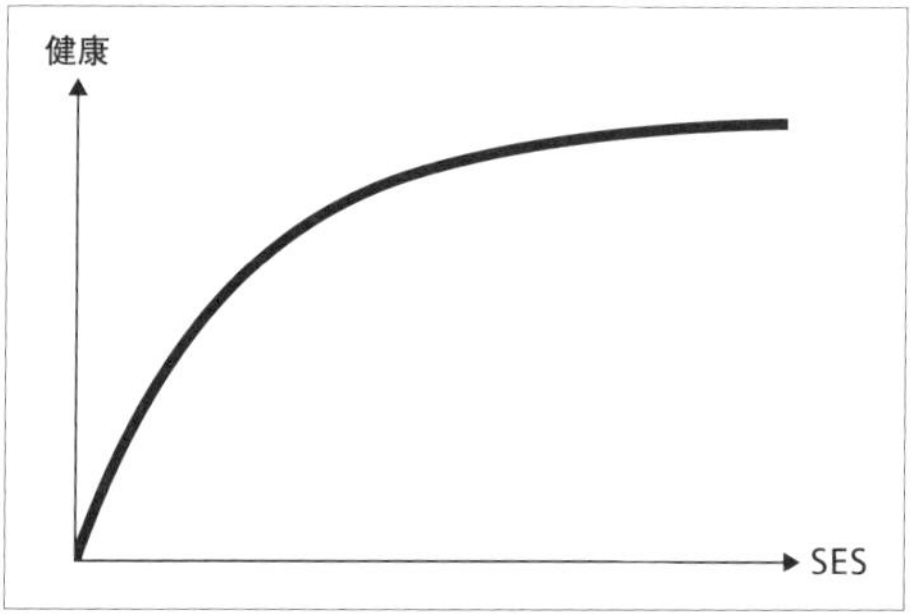

図7　SES（社会経済的地位）と健康の関係

は緩やかになるでしょう（前ページの図7）。

橘　経済学の用語でいえば、「限界効用の逓減」（モノやサービスを1単位増やして得られる効用の追加分が、次第に減少していくこと）が働いているわけですね。ということは、タワマンの最上階で暮らしている富裕層と、中流の下で貧しいと思っている家庭とでは、子どもの成長に与える影響はほとんど違いはないということですか。

安藤　そういうことです。

橘　日本では、ひとり親家庭の貧困率は50％を超え、先進国でもっとも劣悪な状況です。そうした貧しい家庭を行政が支援して、一定の経済水準まで引き上げるのは効果があるけれど、中流の下の家庭の子どもに、さらに教育的な支援をしてもほとんど意味はない、と。

安藤　そういう言い方をすると身も蓋もないのですが、そのとおりです。別の言い方をすれば、メーテルリンクの『青い鳥』でしょうか。すごくリッチな家を見てしまったら、自分の家と比べて、ものすごい差があると感じるかもしれません。だけど、その差というのは一般的に思われているほど大きくはない。

ただ誤解を招くといけないので補足しますが、なぜ中流の下より上なら教育的支援をしても意味はないかというと、すでに学校や図書館などの公教育機関やメディアなどを通じて、かなりの教育的支援が実現しているからです。それにすらアクセスできない環境にいる子どもに対しては、当然、支援が必要です。

もしいまの環境に、少しでも自分にとってピッタリくる何かがあると感じるのであれば、あなたの遺伝的素質の方向性と合致しているのかもしれない。だとすれば、自分がいまいる環境も十分いい環境であるわけで、あなたにとっての「青い鳥」かもしれませんよ、ということはいえるのではないでしょうか。

橘　私の言葉でいえば、「置かれた場所で咲きなさい」ではなく、「自分に適した場所で咲きなさい」ですね。

安藤　はい、同じことをいっているのだと思います。これも補足すると、咲きなさいという植物の比喩よりも、その場所を手掛かりにして、よりピッタリする場所を探しなさい、あるいはつくりなさいという動物の比喩のほうがいいかもしれません。

福祉政策と社会実験

橘　人類史上未曾有の超高齢社会に突入して、人口減で経済的に成長できない日本が社会福祉に回せるリソースには限りがあります。行動遺伝学の知見に照らせば、全員を対象とした教育無償化ではなく、本当に貧しい一人親家庭に集中的に資源を投入することで、もっとも大きな効果が期待できる。離婚のような不測の事態で最底辺の環境に追いやられた世帯を効果的に支援できれば、社会的な投資効果も大きくなるはずです。

安藤　僕もそう思います。そもそも政府や自治体の提供しているサービスにまで、たどり着けない人も多いわけですからね。自分にとって有益な行政からのお知らせがあることを知らなかったり、その意味がわからなかったり、どうやって手続きすればよいか理解できなかったりして諦めてしまう。

　こういう人たちが、お知らせにアクセスできて、それを読めてどのような手続きをすればよいかわかるようにするだけでも、社会全体の生活水準は上がります。そうした方向に向かうよう、政府はお金の出し方を工夫すべきでしょう。

　もちろん、こうした施策を実施する場合は、きちんとした社会実験で効果を確かめる必要があります。どんな政策も、基本的には社会実験であり「仮説」です。イデオロギー的な価値を一方的に主張するのではなく、その政策を実施したときの条件と効果の科学的な調査をもとに、その政策（仮説）が正しいかどうか、どの程度の効果量があったかの検証が必要です。施策を行なうグループと行なわないグループでランダム化比較試験をするのがよいでしょう。施策に効果があるとわかれば、割を食った対照グループにあとから補償すればいい。これできちんとしたデータを取ることができます。

橘　「エビデンスベースド・ポリシーメイキング（ＥＢＰＭ：証拠に基づく政策立案）」で

すね。どのような支援をすればもっとも効果が高いかをきちんと立証すれば、納税者の納得感も高くなるはずです。

安藤　本当は、社会福祉政策はそこまでやらなければ意味がないと思います。

橘　イギリスで行なわれた研究で、若い男性の失業者や、失業期間の長い中高年を支援してもさしたる改善は見られなかったけれど、母子家庭を支援したら大きな効果があったそうです。[★51]

結婚が破綻することと仕事の能力は別ですから、シングルマザーの就労能力は母集団と同じでしょう。もともと能力はあるわけだから、子どもを育てながら働けるようになれば、いずれ納税額のほうが多くなって損益はプラスになります。

日本では政策効果をエビデンスベースで議論することを嫌うから、本人や子どもだけでなく社会全体が得をするような仕組みでも、「生活保護はずるい」という印象論ばかりが先行してしまう。こうして生活保護の申請を躊躇することになって、状況がますます悪化していく。支援の結果、母親が働けるようになって収入が増え、子どもも学校を卒業して働きはじめ、トータルの税収がこれだけ増えた……といったところまで明らかにしないといけませんね。

安藤　日本の政策ですから、エビデンスも日本でのものが欲しいところですよね。遺伝の研究にしても、母集団が違えば結果は異なってきます。日本人と中国人でも遺伝子配列が少し違うので、研究するならそれぞれの国で遺伝子データベースをつくらなければなりません。

社会福祉政策についても、日本できちんとランダム化比較試験を行なう。それができないとしても、環境要因の違いが反映されるデータを取って、政策とのあいだに期待した効果があったのかなかったのかを調べる必要があるでしょう。もちろん物理現象のように厳密に同一の条件を設けることは、ヒトの社会の場合、不可能であることはいうまでもありません。しかし「すべては一回性で一期一会の出来事なんだから、科学的検証などナンセンス」というのは言い過ぎだと思います。

「頑張れない非行少年」でも応援できるか

橘　誰を救うべきかでいえば、知能だけでなくパーソナリティの問題も考慮する必要があります。『ケーキの切れない非行少年たち』（新潮新書、2019年）で、非行少年には共通する特徴として境界知能の問題があることを指摘した宮口幸治さんは、その続編である『どうしても頑張れない人たち――ケーキの切れない非行少年たち2』（新潮新書、2021年）で堅実性などのパーソナリティに焦点を当てています。少年院や少年刑務所に入っているのは、頑張ろうとしても頑張れない少年が多い、というのです。[52]

そういう少年に、「頑張れ！」と励ましても意味がない。行動遺伝学でいえば、堅実性の遺伝率も50％程度あるのだから、頑張ろうとしない少年を責めてもしかたがない。

ハンディがあっても本人が頑張っているのなら、みんなが応援したいと思うでしょう。ところが、誰も応援したくない「頑張れない子ども」ほど、支援を必要としている。「あなたにはそれができますか」と問われる本でした。

安藤　僕も理念的には同じことを考えていましたが、現場をよくご存じの方ですから、現実は衝撃的で、説得力のある本でしたね。

橘　宮口さんとはお話しさせていただいたことがあるのですが、小児性犯罪の話も印象的でした。少年院や少年刑務所には性犯罪で収監されている少年も多く、彼らに話を聞くと、自分と同世代の女の子が〝怖い〟と言うそうです。[53]

小学五年生くらいになると、子どもたちは「9歳の壁」に直面し、体格だけでなく知能の個人差も大きくなってくる。女の子は言葉の発達が早いので、言語的知能の低い男の子は同じクラスの女の子に言い負かされて、黙るしかない。

中高生の男子なら、同世代の女子とつき合えばいいと思うでしょうけど、思春期の女の子と性愛関係をつくるには一定以上のコミュニケーション能力が必要です。その結果、言語的知能の低い男は、自分に脅威を与えない10歳以下の女の子に惹かれていく。だからといって、思春期の女の子とタメ口をきけるくらいまでコミュ力を上げるのはかなり難しい。これは、とてもやっかいな問題です。

安藤　ただ、言語的知能やコミュニケーション能力が低くても、小児性愛のほうへは行かず、犯罪もしない人がほとんどだということは強調しておく必要がありますね。うまく女の子と話せなくても、ひたすら片思いするとかしながら、つらい思春期を送る人は多いでしょう。僕も、何もできなくて悶々としていた記憶があります（笑）。

小児性犯罪には、言語的知能やコミュニケーション能力の低さだけでなく、それ以外にもいくつかの要因が関わっていると思います。例えば、ものすごく性的な関心が高いのだけど、自分の望む方向には行けないとか、衝動性が強すぎるとか。それから忘れてはならないのは、こういう形質は非共有環境も重要だということ。つまり、当たり前のことですが、たまたまそういう犯罪をしたくなるような状況と出会ってしまったことも大きな要因です。そういう状況に出会わせないというのが無理だとしても、そのときほかにもっと夢中になれるものがあれば、犯罪には至らなかったかもしれない。

いずれにしても、そうした少年を性犯罪に走らせないためには、どのような社会的・教育的なシステムがつくれるのか。個別のケースだけで考えようとすると非常に難しい問題だと思います。

教育で知能を上げることの限界

安藤　いまの話に関してもう一つ言えるのは、「頑張らなければいけない」という社会的な価値規範が強すぎるのではないか、ということです。親しくしている知り合いに宮城県・石巻の漁師さんがいるのですが、先日、「がんばろう！石巻」という大きな看板が嫌いで、その近くには絶対近づかないという話を聞きました。僕から見れば、彼自身はすごく頑張り屋というか、いろいろなことに自主的に取り組んでいる努力家だと思います。ですが、だからこそ、「みんなで一斉に頑張ろう」というムードにものすごく欺瞞を感じるというのですね。その気持ちはよくわかる気がします。

教育界にも「頑張って成績を上げよう」という風潮があります。日本社会全体にもそういう傾向が強い。「もっといい製品をつくろう」「いまよりもっとよい社会があるはずだから、みんなで頑張ろう」「女性も社会に出て活躍しよう」――間違ったことは言っていませんし、目標をもつのはいいことです。でも、それは「頑張れば必ずよくなる」とか「できない人は頑張っていない」という考えにすり替えられやすい。論理的には成り立たないはずなのに。その結果、「頑張れない人なんていないんだから、頑張らないのは心がけが悪い」と、できない人を追い詰めてしまっている。

橘　自由意志の問題が、どうしたって出てきてしまいますからね。

安藤　そのとおりです。では、どうするべきか。行動遺伝学者としての具体的なアイデアはまだないのですが、遺伝の研究をヒントに「頑張らなくても生きられる社会」をつくることはできないだろうかと、考えてしまいます。

橘　先ほど、経済学者のヘックマンの話が出てきました。彼自身はリベラルな学者ですが、教育で知能を向上させることに限界があることを認めています。少なくとも小学校入学後は、教育的な介入で子どもの学力を向上させることは困難だろうと書いている。[★54]

だからこそ、ヘックマンは就学前教育の重要性を強調しました。恵まれない家庭の子どもに2歳、3歳くらいから徹底的な介入をすれば、知能≒学力に影響を与えることができなくても、堅実性パーソナリティを高め、将来的によりよい人生を期待できる。知能の遺伝率が6、7割で年齢とともに高まっていくのに対して、パーソナリティの遺伝率は5割程度です。「幼児期への政策的な介入は、変えにくい知能ではなく、劣悪な環境にある家庭に限定したうえで、変化を起こす可能性があるパーソナリティを対象にすべきだ」という主張だと読みました。

安藤　ただ、マシュマロテストの話をする教育関係者は、そういう風には受け止めていないでしょうね。というより、学力が遺伝することすら、まったく受け入れていません。パーソナリティにしても、学力より相対的に遺伝率が低いという理解ではなく、遺伝と関係ないと思っている人がほとんどです。

橘　さすがにそれは非科学的ですね。学問と呼べる水準にすら達していないのではないですか。

安藤　僕もそう思います。

橘　知識社会では、知能の高い人が圧倒的なアドバンテージをもっています。でもこれはものすごく「不都合」だから、高学歴のリベラルほど大きな声では言いたくない。そこで知能以外でなんとかできそうなものを探したところ、堅実性のパーソナリティ、つまり「頑張る力」が見つかった。グリット（ＧＲＩＴ）は「やり抜く力」のことで、一時期流行りましたが、知能のハンディキャップがあったとしても、頑張る力を鍛えれば挽回できるという主張には希望がある。

ところが今度は、生得的に「どうしても頑張れない子どもたち」がいるという現実を突きつけられた。その結果、ほとんど思考停止のような状態になって、非科学的な「きれいごと」を言いつづけるしかなくなったのではないでしょうか。

「一般的な能力」で複雑な社会に対応できるか

安藤　僕からしても、グリットだとか非認知能力だとか、「これがあれば成功する」と世間でいわれる話に、とてもおかしな点を感じているのは確かです。これらの能力がどういう対象にどのように発揮されるのか、という具体的な視点が抜けている。

一般的な頑張る力、一般的なやり抜く力、一般的な頭のよさ……。実際、いまの学校はそういう能力に対応したものになっていますね。何でもいいから頑張る、何でもいいからよい成績を取る、そしてさまざまな科目テストの平均点で順位を決める。そういう固定観念が、発想を貧しくしているのではないか。

確かに行動遺伝学の研究で、知能なら60%くらい、非認知能力でも30～40%の遺伝率があることがわかっていますが、ここで測っているのはあくまでも「一般的な知能」であり、「一般的な非認知能力」にすぎません。

では、測られない残りの部分には何があるのか。それは、ほかの人には理解できないかもしれないけれど、その人にとっては非常に大事なこと、あるいはその人が生きていくうえでどうしても関わらなければいけないこと、とでもいえばいいでしょうか。

先ほど話した石巻の漁師さんは、大学に行ける成績だったのだけれど、食べていくために漁師になるしかなかったのだそうです。ですが漁師として働いていくうちに、本来の能力が発揮されて成功し、財をなすまでになった。僕は、生きることのリアリティをこういうところに感じます。この漁師さんには、「安藤先生に足りないのは実務能力だよなぁ」と言われました。だから学問をやっているわけですが(笑)。

ともあれ、僕が言いたいのは、どのような人であっても一般的な能力だけで生きているのではない、ということです。自分が生まれ落ちた特定の環境のなかから、自分のできること、得意なことを見つけ出す。そうやって自分だけのニッチをつくり上げ、困難を乗り越えながら生きていく。こういうことは、何も特別な才能に溢れた人だけがやっているのではなく、分野は違ったとしても、たいていの人はそのようにして生きているのではないでしょうか。

どれだけ知識社会が高度化しても、一人ひとりの前には必ず自分だけの具体的な問題が立ち現われてくるものです。その問題を、それぞれの資質を発揮して、一つひとつ解決していく。ほとんどの人はそういう真っ当な生き方が本来できるはずなのではないか。行動遺伝学の知見から、その可能性を確かめることはできないかと、僕は最近思っています。

誰もがイーロン・マスクになれるという錯覚

橘　大きな問題は、日本を含む先進国において、成功のイメージがきわめて偏っていることではないでしょうか。知識社会が高度化したことで、イーロン・マスクやジェフ・ベゾス、あるいはスティーヴ・ジョブズのような天才的な起業家が成功のロールモデルになり、学校教育でもＳＴＥＭ（科学：Science、技術：Technology、工学：Engineering、数学：Mathematics）分野に力を入れようとしている。しかし、進化の過程でつくられてきた脳は、これほど急速な文化・環境の変化に適応できませんから、子どもたちが次々とドロップアウトしていくのも不思議ではありません。

そもそも知能の遺伝率から考えて、教育によって１００だったＩＱが１３０や１４０に上がるわけがない。それとあまり指摘されませんが、知識社会においても、ＩＱが高ければ高いほど成功して幸福になれるわけではありません。高すぎるＩＱは、発達障害や精神疾患の予測要因になる。

興味深いのは、エンジニアや数学者・物理学者などは別として、クリエイティヴな仕事では、ＩＱ１２０（偏差値換算で65）を超えると、知能と職業的な成功とが相関しなくなるというデータがあることです。[★55] でもこれは考えてみれば当たり前で、美術であれ音楽であれ、あるいはiPhoneのような電子機器の開発でも、クリエイティヴな作品というのは、多くの大衆から受け入れられてはじめて「成功」と見なされます。

大衆の平均的なＩＱは１００（偏差値換算で50）ですから、ＩＱが高すぎると大衆が求めているものがわからず、かえって成功への足かせになるかもしれません。同様にＩＱ１４０を超えるような人たちは、「自分たちはこの社会で提供されているエンタテインメントの大半を楽しめない」と考えているようです。

自然界を見れば、生き延びるためのもっとも有効な方法が、ニッチを見つけて自分の適性を発揮することなのは間違いありません。[56] 砂漠より熱帯のジャングルで多くの生き物が棲息できるのは、生態系が複雑だからです。

そう考えれば、ますます複雑になっている現代社会では、いろんなところにニッチが生まれています。本来は、みんながそれを利用して生きやすくなっているはずなのに、現実はそれとは逆に、うつ病と診断される（あるいは、そう訴える）若者がどんどん増えて、生きづらさが増しているように見えます。

安藤　それは、僕も不思議に思っています。

橘　一つの理由として、ベルカーブ（正規分布）からロングテール（ベキ分布）へと社会の構造が変わりつつあることが考えられると思います。

テクノロジーの爆発的な進歩によって、ユーチューバーやｅスポーツプレイヤーなど、かつては考えられなかった職業がどんどん生まれていますが、こうした分野は、医師や弁護士のように多くの専門家を必要とするわけではありません。どちらかといえば、芸能人やスポーツ選手に近いでしょう。

「タイパ」という新語に象徴されるように、いまは時間資源がますます貴重になっているので、ほとんどのユーザーにとって、実際に視聴するユーチューバーはせいぜい数人か

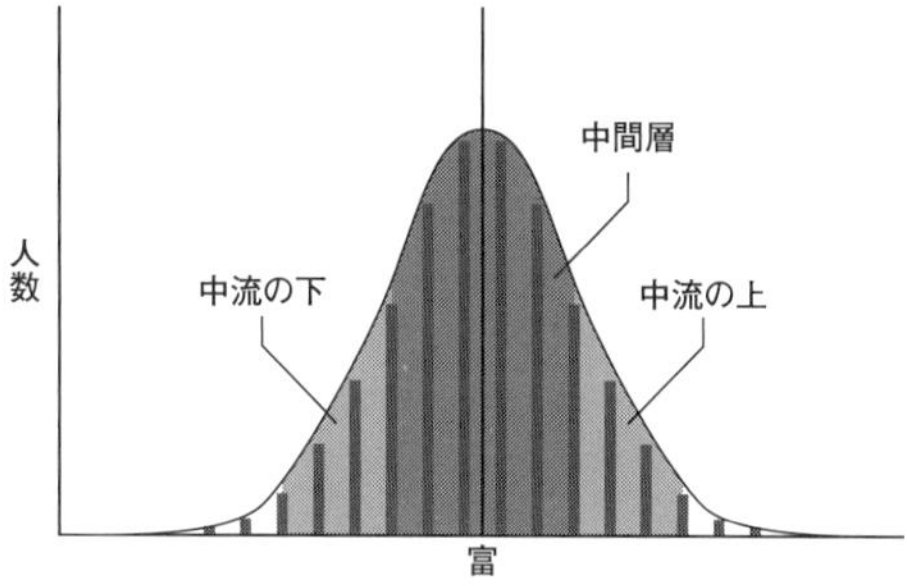

図8　かつての社会構造(ベルカーブ)

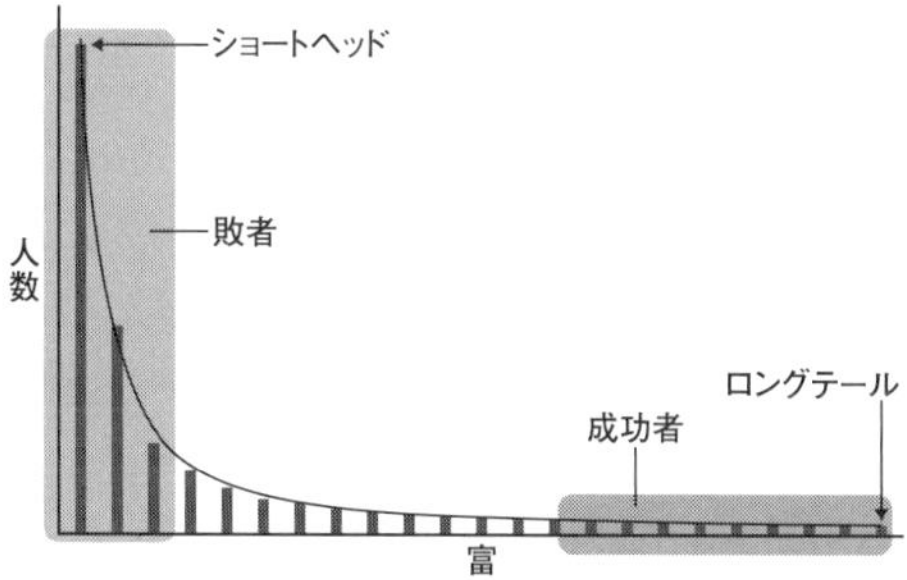

図9　現在の社会構造(ロングテール)

十数人でしょう。かつてはベルカーブの右側（平均以上）に入っていればなんとかなったのに、現在はロングテールの端に到達しなければ誰にも気づいてもらえなくなってしまった。

これを「成功」と定義してしまうと、大半の人が「敗者」になり、社会に不満や怒りが渦巻くことになります。

安藤　いまはデジタルでしょうけど、かつては石油や鉄鋼、鉄道など、社会のインフラを握ってトップに立つような人物が勝者であり、そうなることができなければ負けている、劣っていると感じてしまう――。そのような一元的価値観が多数派を占めているのは事実でしょうね。

だけど、いまも昔も圧倒的多数の人は、勝者の立場にあるわけではありません。生活経験を積むうちに、そういうところに人生や人間の本質があるわけではないということもわかってくる。それは自分が負け犬だと受け入れるとか、そういうことではありません。ロングテールの価値基準に染まっている人から見たら、さっき話した漁師さんにしても敗者に見えるかもしれませんが、彼は「俺がいなけりゃ、お前らは食べていけないだろ」という気概をもって生きている。おまけに漁師さんがいつも食べている魚は、都会のスーパーで買うものより明らかにおいしい‼　このリアリティが重要だと思うんです。

じつをいえば、僕も50歳になるまで、「まだ一人前の学者になっていない」とか、逆に

「学問なんかやっても何の役にも立たないんじゃないか」とかいった劣等感をもっていました。だけど50歳を超え、いろいろな経験を積んだことで、ようやく自分の居場所に気づけた気がします。いまでも自分の研究が社会の役に立っているかどうかはよくわかりませんが(笑)、生まれてきた甲斐はあったかもしれないと思えるようになったわけです。

昔なら、生まれ落ちたローカルな環境のなかで、誰もが頑張って生きるしかなかったし、そのことに対して余計なことを考えなくてもよかった。農民の子に生まれたら、殿様どころか侍にもなれないのが当たり前でした。

でもいまは、ＳＮＳなどでグローバルな勝者の姿が誰からも、どこからも見えるからこそ、そうなれなかった自分を敗者だと感じてしまう。そういう人間観を修正して、「自分には自分のリアルな人生がある」と思えるようになることが必要なのではないでしょうか。

橘　一方で、日本では戦後、会社が共同体(イエ)となって、それぞれの役割(生きる意味)を提供してきました。女性の場合、結婚して専業主婦になり、子育てをすることだったかもしれませんが、そうした価値観が徐々に解体され、個人を支えてくれる中間共同体も失われて、いまや自分一人でグローバルな世界と向き合わなくてはならなくなった。それが不安の根源にあるように思います。

安藤　それはある種の錯覚、とも言えませんか。

橘　確かに錯覚ですが、それでも、大学を出てそれなりの会社に入り、家庭を築き、ついでにマイホームも買って、出世を目指して定年まで懸命に働くという人生のコースを描くことができた。映画「マトリックス」ではないですけど、「それはすべて幻想だった」という「(真実を知る)赤い薬」を強制的に飲まされたという感じではないでしょうか。

なぜ自分らしく生きられないのか

橘　リベラル化する社会では「自分らしく生きる」ことが至上の価値になっていると私は考えているのですが、安藤さんのゼミの学生も、みんな自分らしく輝きたいと思っているわけですよね。自分らしく生きようと思ったら、自分らしさをまず見つけなければいけないけれど、多くの若者はその段階でつまずいてしまう。

安藤　そうです。そもそもその「自分らしさ」も、ファミレスのグランドメニューのような既成の選択肢から選ぶことを強いられて、うまく行かなくて挫折してしまっている学生が、とくに男子に多い。慶應義塾大学を卒業したら一部上場の会社に勤めるのが当たり前だと、親も本人も思っているのですが、軒並み落とされるとどんどん底状態になってしまいます。そこから人生が始まるのだ、と彼らには言っているのですが。

橘　その点でいえば、女子のほうが打たれ強くてポジティヴですね。

安藤　全員が全員とは言いませんが、ゼミ生を見ているとその傾向はあるかもしれません。男は序列を気にしますからね。アルファオスを目指す傾向が本質的に染みついているけど、自分はそうなれないと思うと打ちのめされてしまう。

橘　有名大学を卒業したというだけで、じゅうぶん恵まれているのに。

安藤　そうなんです。でも悩める大学生は、そのことになかなか気がつきません。ほとんどの人は、学歴に関して負けたという気持ちをもったまま生きています。学歴以外で自信をもてる経験や実績があれば、「僕は大学を出ていないけど」と言えるけれど、そうでないと学歴について口にするのは憚られるという風潮が日本にはあります。いまの日本でその風潮を少しでもなくせるかといえば、なかなか想像しにくいですが。

橘　リベラルを自称するメディアが、大々的に大学の偏差値ランキングを報じていた国ですからね。

学歴で人間の価値が決まるとされるようになった背景には、豊かになったことがあるのではないでしょうか。田中角栄は中卒でも国のトップにまで登り詰めましたが、それは日本全体が貧しかったから。昭和30年代くらいまでは、「大学に行けたのは、たまたま親がカネをもっていたから」とか「東大卒よりも賢い人間なんていくらでもいる」という言葉が説得力をもっていた。

でもいまは、貧乏でも賢い子どもは奨学金で大学に進むでしょう。これはもちろんよいことですが、それによって学歴の言い訳がきかなくなってしまった。

安藤　高度教育社会になり、高等教育が大衆化したためですね。

橘　それでも、日本はアメリカよりまだマシですよね。日本では大卒の生涯収入は高卒より3割程度多いだけですが、アメリカでは高卒の生涯収入は大卒の半分しかない。そのうえ、有名大学でも学部卒では「低学歴」で、修士号や博士号をもっていないと社会の主流にいるとは見なされなくなったといいます。そんな基準に該当するのは、いったい人口の何パーセントなのかと思います。

安藤　僕からすると、アメリカのような社会は虚構と幻想に満ちた世界と思うものの、ユヴァル・ノア・ハラリじゃありませんが、「脳」がそもそも虚構をつくる装置である以上、そこから逃れられないのでしょうね。

橘　脳は仕組み上、リアルとフィクションを区別できませんからね。だから、「さあ、夢を実現しましょう」という虚構ばかりが社会に溢れることになる。

安藤　その意味でも、もっと地に足の着いた、自分のまわりのローカルな世界でネットワークを築いていくことにフォーカスしたコンテンツを、メディアがきちんと出してほしいですね。

ＮＨＫの「プロフェッショナル　仕事の流儀」にしても、テレビ東京の「カンブリア宮殿」にしても、紹介されるのはすごく成功した個人や企業ばかりです。でも、無名でほどほどの成功しかしていなかったとしても、幸せに生きている人はたくさんいます。そういうことを扱う情報がもっとあってもいいように思うのですが。

加えて、人はずっと輝き続けなくてもいい、ということも大事なメッセージではないかと思っています。人生のなかで一度でも輝けた瞬間、誇りに感じられた瞬間があれば、その経験はその人の核になりうる。全国ニュースで取り上げられたというレベルではなく、地域のコミュニティで高く評価されたということでもいいのですが、そういった経験があるだけでずいぶん生きやすくなるということを、ささやかに伝えてほしいです。

「咲ける場所に動きなさい」

橘　遺伝的な適性というのは、けっきょく、「自分が何に向いているかを見つけなさい」という話になるのかなと思います。高学歴でも、何をしたいのかわからなくなっている人はたくさんいる。大学や会社のブランドが、遺伝的な適性を教えてくれるわけではないですから。

安藤　はい。本来的には、遺伝的に適性のあることと、外部からの評価は無関係です。何らかの才能で世間に認められている人たちに話を聞いてみても、社会的な評価が先にあったわけではないようです。では、自分の能力を知る最初の手がかりは何だったかというと、それは何に興味や関心をもつか、ということでした。

遺伝的な脳の配線が、一人ひとりの個性的な行動をつくり出している。ショパンコンクールで上位入賞（1位なしの3位）した横山幸雄さんは、子どもの頃にレコードを聴いていて、自分ならもっといい弾き方ができるのに、と感じたそうです。有名なパティシエだって、お菓子づくりは何だか面白そうと感じたのが出発点でしょう。社会的な評価などとはまったく別のところで、脳は価値判断や認知処理を行なっているということです。

このことは、カール・フリンストンの「自由エネルギー原理」とも整合的です。人間の脳は一種の予測器だという説ですが、とくに注目しているのは次の二つのネットワークです。一つは、後部帯状回から内側前頭前野、そして外側頭頂葉や海馬などにかけてのいわゆるデフォルトモード・ネットワークで、これは自己との関係が強く、非常に個人的なレベルで内面的な心的活動を担っています。もう一つは、前頭前野と頭頂をつなぐ実行機能ネットワークで、ワーキングメモリに関係します。こちらは、外的な情報や抽象的情報を論理的、能動的に処理するところです。

「自分」という感覚に関わるのは前者のデフォルトモード・ネットワークで、こちらは身体運動のネットワークとともにかなり初期のころから活発に活動しているといわれています。子どもの頃は、社会のなかでの自分の立ち位置など考えずに、好きなことに没頭できますよね。そのときに働いているのがこのネットワークで、それまでの経験をもとに、自分がうまく関われる活動とはどういうものなのかのモデルをつくり上げ、そこから外界を予測し、その能力をさらに高めていこうとする役割をもっています。先に紹介したピアニストの横山幸雄さんにしても、フィギュアスケートの羽生結弦さんにしても、将棋の藤井聡太さんにしても、ピアノやスケートや将棋を始めた頃から、このネットワークをそれぞれの領域に対して高い解像度で使っていたはずです。

橘　身体的な感覚を扱うネットワークが先に発達して、その後、社会的な評価を扱うネットワークが発達してくるというのは興味深いです。子どもは、自分が遺伝的に得意なことをまずしようとしますよね。脚の速い子は競争が好きだし、歌のうまい子はみんなの前で歌いたがります。

安藤　踊りが得意な子は、勝手に踊り出しますね（笑）。

橘　発達心理学者のジュディス・リッチ・ハリスが、まさにそのことを指摘しましたよね。人間の脳は、遺伝的な優位性をフック（きっかけ）にして、集団のなかで目立ったり、高い評価を得たりすることを「楽しい」と感じるように設計されている。[★57]

リッチ・ハリスが、別々に育った一卵性双生児の女の子の印象的な話を紹介しています。一人は家でピアノ教室を開いている音楽家の養子になり、もう一人は普通の家庭の養子になった。成長して、ふたごのうち一人はコンサート・ピアニストになった。

当たり前だと思うでしょうが、コンサート・ピアニストになったのは、音楽になんの関心もない家庭で育った娘で、ピアノ教師の娘は音符すら読めなかった。

一人がプロのピアニストになったのだから、ふたごがどちらも音楽的な才能をもっていたことは間違いないでしょう。だからこそ、たまたま幼稚園の音楽の授業でみんなからほめられたというような体験をきっかけに、ごく自然に音楽が好きになり、楽器を練習することで友だちや大人から注目されて、ますます好きになっていく。ところが音楽教師の家庭の子どもは、友だちも音楽をやっているだろうから、楽器を弾いても目立てない。だから興味を失って楽譜も読めないまま大人になったと考えれば、この一見奇妙な話もよく理解できます。

安藤　このケースは、内的な情報をつかさどるデフォルトモード・ネットワークと外的な情報を司る実行機能ネットワークの切り替えに関わる顕著性ネットワークも関与しているかもしれませんね。みんながピアノをやっている環境だと、自分のピアノの才能の顕著性に気づきにくいのかもしれません。

社会的な評価など考えないで、目の前の活動のことだけに没頭する。しかし、そうやって個人の能力が発現してくると、勝つためにこういう練習をしようというようなかたちで、ワーキングメモリに関係するネットワークも活発に働くようになる。成長してからも特定の分野ですごく才能を発揮できている人というのは、遺伝的な素質に適した環境を構築することで、これら二つのネットワークをごく自然に協調させているのでしょうね。

橘　「利己的な遺伝子」の論理では、性愛競争に勝つためにヒエラルキーの上位を目指さなくてはならないわけですが、本人はもちろんそんなことは考えず、他人より上手にできることをするのがただ楽しい。リナックスを開発したリーナス・トーバルズはもっとも有名なハッカーの一人ですが、彼の本のタイトル『それがぼくには楽しかったから』にこのことがよく表われています。[★58]

ただ、ここで思うのは、「好きなこと、得意なことをして楽しい」という感覚や体験がない場合は、どうすればいいのかということです。本が好きだから編集者や物書きになった、プログラミングが好きだからエンジニアやハッカーになったというのは、じつはものすごく幸運なのかもしれない。

安藤　実際、「やりたいことが何もない」という人は、けっこういますよね。ただ、僕は「やりたいことが何もない」にも、いくつかのタイプがあると考えています。

人間は、自分の暮らす生活環境から刺激を受けて、それを元に脳が学習を繰り返すことで世界を認識していきます。その過程において、ほとんどの人は遺伝的な素質の「起伏」を多少なりとも感じているはずです。身体を動かすのは嫌いで、絵本を読んでいるほうが性に合っているとか、あるいはその逆とか、そうした感覚は誰にでもあると思います。ただ、この「起伏」があまりにも些細なものなので、声高に他人に語るほどではないと謙遜・卑下しているのがいちばん多いタイプではないでしょうか。

そういう人に言いたいのは、ほんのわずかな「起伏」でもいいから、山を登ってみなさいということです。実際に登ってみることで、その先の景色が見えてくることはあります。逆に、もしいま自分がいる生活環境において、「好き」という感覚をまったく感じないというのであれば、そういう感覚の生まれる環境へと移動する必要があるかもしれません。

橘 環境をがらりと変えることで、興味をもてるものに出会うということは多々ありますから。「置かれた場所で咲きなさい」ではなく「咲ける場所に動きなさい」ですね。でも現実には、動くことがいちばん難しいという人も多いんでしょうね。

浅く広くでは才能は発現しない

橘 子育て中のお母さんたちは、いろいろなことを子どもに経験させたいとよく言います。可能性がどこにあるかわからないから、スポーツでも音楽でも、とにかくありとあらゆることを子どもに経験させて、そのなかから適性を見つけられるようにしたい、と。

そんなことをしていたら、子どもの自由な時間がなくなってしまいそうですが（笑）、これについては、どう思われますか。

安藤　習いごとが無意味だとは思いませんが、そもそも生物の遺伝子がもっている能力は、ピアノだとか、水泳だとか、そろばんだとか、そうした「お稽古事」単位で発現するとは限りません。

いわゆるお稽古事というのは、非常に狭い文化領域においてお膳立てされたカリキュラムですよね。ある意味で規格化、標準化されており、その意味でとても貧相で不自然なことをやっているわけです。そうしたことを少しかじっただけで何かの才能が発現する、ということは考えにくいと思います。

ただ、僕の先入観もありますが、長い歴史があって文化的な蓄積のあるオーセンティックな領域であれば、ピアノでもバレエでも茶道でも何でもいいのですが、そういうところには本来、多様な人たちが寄り集まっていて、実際の社会に近い多様性がある気がします。

自然環境というのは多様性が大きいので、例えば、森のなかで子どもを自由にさせてあげれば、いろいろな遊びを勝手に考え出します。狩猟採集民の世界では、そうした自然のなかで各人が才能を発現させてきました。僕は虫が嫌いで、砂が体に付くのすら嫌いな子どもだったので、それを棚に上げて言うようで恐縮ですが。

いずれにしても習いごとをたくさんさせれば才能が発現する、というのは少し短絡的な考え方だと思います。習いごとを浅く広く、たくさんするより、むしろ目の前にあることのなかで一つでも夢中になれることを深く掘っていくほうが、その人の才能に近づきやすいのではないでしょうか。これもさっきの「青い鳥」の比喩につながります。

というのも、すべての事柄や能力というのは、深いところで何かしらつながっていることが多いからです。長い人生を生きていると、あることを夢中になってやっていたら、いつのまにか違うことをやっていて、結果的にそれでよかった——という経験の一つや二つありますよね。入口がたくさんあることが絶対的に重要ということはなくて、最初の入口は何だっていいのだと思います。

人的資本の最強法則

橘　適性を知るために、親の得意なことから推測する、というのはどうでしょうか。遺伝率の高い形質は、親から子への伝達の割合も高いということでしたが。

安藤　親の得意なことが子どもに引き継がれることは、二つの意味で十分にあり得ます。

一つは、おっしゃったとおり、遺伝的な素質の伝達によってです。どのように発現するかはポリジーン、つまり多数の遺伝子群が関わっているのでばらつきはあるのですが、運動が得意な親の形質は子どもに受け継がれやすいですし、運動以外の領域についても同様のことが言えます。

もう一つは、家庭内の習慣によってです。家庭内に、日常的にスポーツをする習慣や、音楽を聴く習慣、あるいは政治的なことを議論する習慣があるなら、子どもは生まれたときからそういう「環境のシャワー」を浴びて育つことになります。そうした習慣のない家庭と比べると、具体的な経験や知識が蓄積しやすくなります。さらに言えば、親自身にとっても、自分のしてきたことの意味を問い直し、味わいなおすという意味もあります。

特定分野に関する家庭内でのこうした習慣は、文化的に固有ですから、知能テストのように規格化されたテストで計測しても、なかなか共有環境としては検出されません。ですが、例えば親がスポーツ好きだから、子どもの頃からスポーツに親しみ、その結果、プロレベルにならずとも生涯にわたってスポーツを楽しみ続ける、という人たちはいくらでもいますよね。

橘　逆にいうと、親が自分にできないことを子どもに無理矢理やらせても、あまりいい結果にはならないということですか（笑）。

安藤　親にまったく素質――実際にそれをする素質でなくとも、鑑賞し味わう素質でもいいのですが――それすらないとすれば厳しいでしょうね。

橘　小児科医のあいだで、親の期待が高すぎて子どもがつぶれてしまうというのが、深刻な問題になっているそうです。たいていは、娘のピアノやバレエ、勉強などに母親が夢中になって、娘がストレスで体調を崩して病院にやってくるという「母―娘」問題で、「遺伝的な素養のないことを子どもにやらせても無理だ」ということを、いかに親に伝えるかで苦労しているという話を聞きました。

安藤　楽器は全然弾いたことがなくても、音楽を聴くのはものすごく好きでいつも聞いている、そういう親が子どもに楽器を弾かせたいというのであれば、まだいいでしょう。こういう場合、少なくとも音楽に親しむ環境は家庭内にありますから。

ですが、音楽をたいして好きではない親が、子どもがピアノが弾けるようになると格好いい、というような理由で習わせるのであれば無理があると思います。

橘　他人の子どもなら当たり前のことでも、自分の子どもになると、なかなか遺伝の影響を認められないんでしょうね。

安藤　あまりにも貧困で自分の趣味に避ける時間がまったくない、あるいは子どもと接する時間がないという家庭は別として、ＳＥＳで中流の下くらいの家庭であれば、親の好みや趣味が家庭内で出てしまいます。クラシックではなく、演歌やヘビメタかもしれませんし、音楽とも限らないのですが、子どもの遺伝的素質を刺激する環境というのはどの家庭にもあるはずです。だから、「遺伝ですべてが決まる」わけではないものの、やはり遺伝の影響は強力です。

橘　「どうすれば成功できますか？」という問いに対して、「圧倒的な才能」はもちろん、「圧倒的な努力」もなんの答えにもなっていない。どちらも遺伝的な要因が大きいから、ということですね。

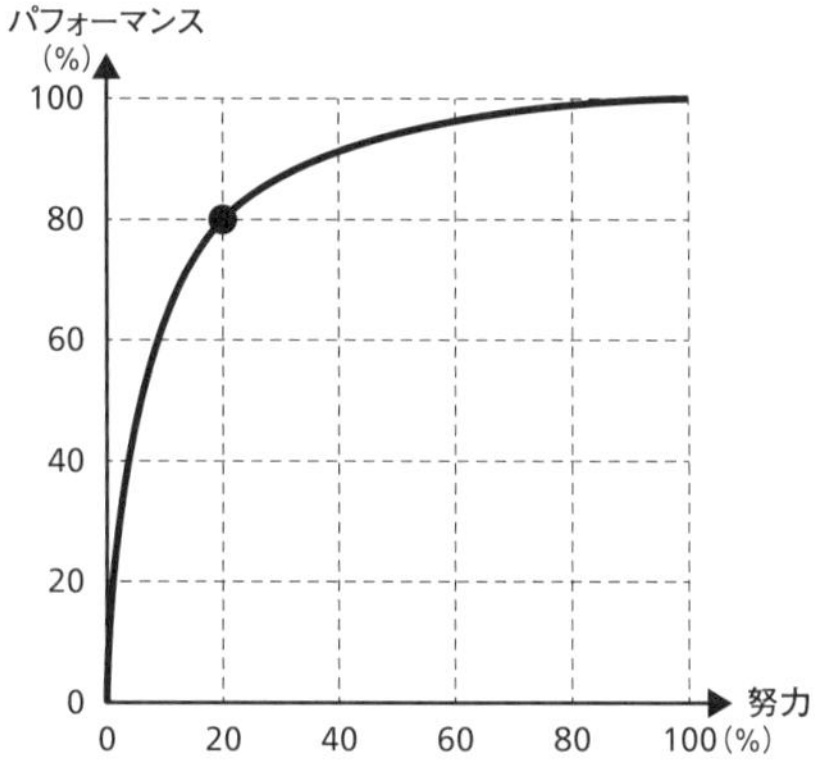

図10　「努力の限界効用の逓減」の法則

そこで最近は、「努力の限界効用の逓減」の話をしています。これはデータアナリストのネイト・シルバーが提唱した法則で、「2割の努力で8割のライバルに勝てる」ことをいいます。[★59] 中学や高校でサッカーの全国大会に出たくらいではプロとして成功できるとはかぎりませんが、会社の同好会レベルなら誰よりもうまいでしょう。

問題は、残りの2割のライバル（プロ）に勝つために「とてつもない努力」を必要とすることですが、「努力の限界効用の逓減」のもう一つの特徴は、「最初の努力は大きく報われる」ことです。だったら、まずは2割の努力をして、8割の素人を圧倒できるブルーオーシャンを探せばいい。

強者の土俵で戦うことを避け、自分の能力が優位性をもつ市場を見つけることができれば、それが成功への近道になります。とてつもない才能がなくても、とてつもない努力ができなくても、競争相手の平均を上回っていれば十分な利益（金銭的な収入と高い評価）を獲得できるでしょう。

たとえ大谷翔平や藤井聡太になれなくても、遺伝的なアドバンテージをフックにして、好きなこと、得意なことに人的資本を集中させる。そのうえで、自分の強みを活かせるニッチに活動の場をずらすことで、（それなりの）成功を手に入れることができるのではないでしょうか。

これが、行動遺伝学の知見とも整合性のある「人的資本の最強の法則」だと考えています。

第6章　遺伝と日本人

――どこから来て、どこへ行くのか

蔓延する「逆優生学」

橘　最初にも述べましたが、遺伝についての欧米の哲学者たちの議論のなかで興味深いのは「運の平等主義」です。哲学者のマイケル・サンデルは、彼らの主張を哲学者リチャード・アーネソンの「運のいい者は幸運のおかげで手に入れたものの一部あるいは全部を、運の悪い者に譲るべきだ」という言葉で要約しています。[★60]

運のいい者とは、シリコンバレーやウォール街の成功者たち、すなわちきわめて高い数学的・論理的知能をもって生まれた（「遺伝ガチャ」に当たった）超富裕層のことでしょう。運の悪い者は、高度化する知識社会に遺伝的な特性がマッチしないことで、社会からも性愛からも脱落してしまった人たちです。

「運の平等主義」を主張するのは左派（レフト）の知識人ですが、そのロジックは遺伝決定論であり、ある種の「逆優生学」です。国家は「遺伝強者」から富を取り上げ、「遺伝弱者」に分配すべきだし、それが社会正義だというのですから。

安藤　国家が権力を行使して強制的に富を配分し直すというのは、いかに平等の実現のためといってもいただけませんね。しかしほぼ同じことを、哲学者のジョン・ロールズのように、「恵まれた立場の人はその恵まれたものをもっとも恵まれない人のために使うことによってのみ、その恩恵を受けてよい[★61]」という言い方にすると、わりと許容できるんですけど。思うに、とくにその資格もないのにたまたま運に恵まれてしまったことへのおののきというか、慎みというか、申し訳なさというか、そういうものを与える側が示し、与えられる側が感じられるかどうかじゃないかと。

橘　2006年のアメリカ映画"Idiocracy"（イデオクラシー）も示唆に富んでいます。Idiot（愚か者）とDemocracy（民主政）をかけた「愚民政」のことですが、こんな話です。[★62]

アメリカ陸軍の人間冬眠実験の被験者に選ばれた平凡な青年ジョーは、期間1年のはずが、さまざまなトラブルで実験そのものが忘れ去られ、500年後に目覚めることになる。そこは人類の知能が大きく低下した世界で、ジョーは唯一のインテリとなり、内務長官に任命されて危機に立ち向かう……。

公開当時はほとんど話題になりませんでしたが、2016年にドナルド・トランプが大統領に当選すると注目されはじめ、暴徒と化したイデオット（愚か者）たちがホワイトハウスを襲撃する映画のシーンが2021年の連邦議会議事堂占拠事件を予言していると話題になりました。トランプ時代のアメリカは「イデオクラシー」だというのです。

映画では、人類の知能が低下した理由が、知能の高い男女が独身のまま過ごすか、結婚しても子どもを一人しかつくらない一方で、知能の低い男女が次々と子づくりするからだと説明されていました。これを20世代ほど繰り返すと、知能指数100（偏差値50）の平均的な若者がアインシュタインのように見なされる世界が到来するというのです。行動遺伝学者として、この設定にリアリティはありますか？

安藤　日本だけでなく世界的に同類婚が広まっているのかもしれないという気はしないでもありません。同じような家庭で育ち、同じような教育を受け、同じような仕事をする人たち同士で結婚し、高学歴カップルよりも低学歴カップルの子どもの数が多いのなら、人類の知能は徐々に低下していくというわけですね。ヒトラーが優生政策を先導したのも同じ危惧からでした。

橘　現在の欧米では、それが「グレート・リプレイスメント論」という人種主義的な主張と結びついています。〝知能の高い〟白人は出生率が低く、〝知能の低い〟移民は多産なのだから、いずれヨーロッパ文明は滅び、イスラームにとって代わられる（リプレイスされる）とする21世紀版の『西洋の没落』（シュペングラー）です。

フリン効果では知能指数は一貫して上昇しているとされますが、北欧諸国のデータでは1990年代半ばからフリン効果が逆転してIQは下がりはじめており、イギリス、フランス、オランダなどでも同じことが起きている。語彙力など経験的に蓄積される結晶性知能とは違って、数学的・論理的な流動性知能の点数はすでに頭打ちで、逆に下がっているとの主張もあります。[★63]

安藤　まず、実際に先進国でＩＱが下がりはじめているのか、という検証が必要ですね。仮にそうであったとして、その原因が同類婚であるかの検証も必要です。

僕はそのようなデータをもっていませんが、遺伝には「平均への回帰」効果が働くので、高学歴カップルの子どもの知能はどんどん上がり、低学歴カップルの子どもの知能がどんどん下がるというようなことにはなりません。人類の知能が低下していくというのは、かなり単純化した議論のように思えます。

橘　同類婚によって、とても賢い少数のグループと、そうでないグループに二極化されていく可能性はどうですか？　『サピエンス全史』が世界的なベストセラーとなった歴史家ユヴァル・ノア・ハラリは、ＡＩとバイオテクロジーの力で一握りのエリート層がホモ・デウス（神人）となり、大多数の「無用者階級」を支配する未来を予想しています。[★64]

安藤　オルダス・ハックスレーの『すばらしい新世界』みたいな話ですよね。そうして生まれた無用者階級がひとかけらの不満も抱かないくらい巧妙な社会をつくれたら成功でしょう。しかしハックスレーの本もそうでしたが、そこに疑念を抱き反乱を起こそうとする人間が遺伝的に必ずいて、早晩、鎌首をもたげてくると思います。

ヒト集団の遺伝差というタブー

橘　知能の遺伝率がかなり高いことは、すくなくとも欧米では知識人の多くが認めているし、一部の左派(レフト)にいたっては、そこからさらに進んで、「運の平等主義」という遺伝決定論を主張している。

では、左派と右派がどこで分かれるかというと、「ヒト集団」と遺伝的な知能の関係です。ちなみに、現在では「人種（Race）」は社会的な構築物だという理解が一般的になり、「人種」とか「民族集団（エスニシティ）」という言葉は自然科学系の論文ではほとんど見なくなりました。その代わり "Human Population（あるいはたんにPopulation）" が使われ、日本語では「ヒト集団」と訳されます。これは学問的により厳密に定義したともいえるし、「人種」という論争を呼ぶ言葉を言い換えただけと見なすこともできます。

「人種」概念が社会的構築物であることは間違いありませんが、だからといって、その背後に生物学的な基盤がないということにはなりません。

2002年、遺伝学者のグループがゲノム解析によって世界中の集団サンプルを分析し、それを遺伝子頻度の違いで機械的に分類したところ、一般的な人種カテゴリー、すなわち「アフリカ人」「ヨーロッパ人」「東アジア人」「オセアニア原住民」「アメリカ原住民」と強い関係のあるクラスターにグループ分けされました。これは祖先がどこで暮らし

ていたかを示しているので、「大陸系統（Continental Ancestry）」と呼ばれます。★65

安藤　ホモ・サピエンスは6万年ほど前にアフリカを出て、ユーラシア大陸やアメリカ大陸、オセアニアなどに広がり、それぞれの大陸で（相対的に）独自の進化を遂げて、その結果、肌や髪、目の色などの表現型の違いが現われた。これは遺伝的なものだから、DNAを解析すれば大陸系統によってグループ分けされるのは当然です。世界は、境界線がぼやけた遺伝子プールのマーブル模様みたいになっているともいえます。

橘　ここで問題になるのは、あるヒト集団は特定の形質に関してアドバンテージがあり、別の形質に関してはディスアドバンテージがある、という議論につながることですね。

日本では「アフリカ系選手の驚異的な身体能力」とか「黒人の天性のリズム感」という表現がごく普通に使われています。ただし知能は別で、とりわけ白人の知識人が、認知能力にヒト集団による遺伝的な違いがあると発言すると、炎上して社会的な存在が「キャンセル」されます。知識社会では、知能が社会的・経済的な成功に直結するからでしょう。

安藤　ヒト集団には遺伝的な違いがありますが、おっしゃるとおり、知能に関しては、こうした違いがあると言ってはいけないことになっています。

そのため、採用や入試で選抜する対象はあくまで個人であって、ヒト集団に付けられたラベルで選んではいけない、ということになる。つまり、黒人だから採らないとか、女性だから昇進させないというのはダメで、そういう考え方にはノーと言わなければいけない。個人に能力を発揮してもらい、そのパフォーマンスに基づいて採用・評価するというのが政治的に正しいとされているわけです。

橘　いわゆる「カラーブラインド」「ジェンダーブラインド」ですね。人種・性別で評価しないことは、リベラルな社会のもっとも重要な原則になっています。

ところが皮肉なことに、その結果、シリコンバレーでは、ユダヤ系やインド系、東アジア系の男が人口比に比べて極端に多くなるという偏りが生じている。

安藤　遺伝的な違いがある集団に対して、環境要因を考慮しない公正な評価をすれば、遺伝的な差異が顕在化しますからね。それが統計的な値のかたち、ヒト集団の差として表われているということでしょう。

橘　とはいえ、「ヒト集団に遺伝的な違いなどない（あってはならない）」という左派の論理では、これはぜったいに認められない。その結果、カラーブラインドやジェンダーブラインドは、近年では、「差別を正当化する論理」として批判されています。ハイテク企業が採用するのは、けっきょく、白人（ユダヤ系）やアジア系（インド系や東アジア系）の男ばかりではないか、というのです。

性差やヒト集団に生物学的な違いが何もないのなら、社会正義にのっとった結果は、人口の分布と一致することになる。シリコンバレーのハイテク企業は、プログラマーを男女同数にしろとか、黒人の社員が少ないのは「制度的な人種差別だ」という批判に戦々恐々としています。

「ゲノムブラインド」に対する批判

安藤　現実には生物学的な違いがあるのにないことにしているから無理が生ずるわけですね。そして「無理が通れば道理引っ込む」ことになる。そもそも制度が意図的に生み出した差別なのか、それとも制度は公正なのに自然に生じた差異なのか。もし後者だった場合、そのような結果が生ずる制度がけしからんとしても、その制度が目指す究極の目標はどういう状態なのか、きちんと筋道を立てた考察をしていないと、議論が混乱して収拾がつかなくなるのは当然です。

橘　キャスリン・ペイジ・ハーデンは『遺伝と平等』で、すべての人が同じ遺伝的素質をもっているとする左派の「ゲノムブラインド」は荒唐無稽で、よりよい社会をつくるための障害になると強く批判しています。誰もが同じ遺伝的スタートラインに立っているのなら、学校からドロップアウトしたり、スキルのある仕事に就けなかったり、社会的・経済的に成功できないことはすべて自己責任になってしまうからです。

安藤　自己責任論の根拠は、遺伝にせよ環境にせよ初期条件は等しいという信念と、自由意志が絶対であるという信念ではないかと思います。ただ僕はこうした問題を、個々の事情を無視して一般化して議論するのは無理があると思っています。例えば、本当に高い知能が必要な仕事であれば、その適性をもった人、つまり高い知能をもった人が就くべきでしょう。野球にしてもサッカーにしても、もし「人種」レベルで適性が本当に違うのなら、その競技で優れた成績を修めるヒト集団に偏った分布が生じても仕方がない。しかしだからこそ、まさかの大谷翔平ということで、われわれ日本人は狂喜できるわけです。もし日本人がアメリカ人と野球に必要とされる遺伝的素質が平等だったら、大谷が出てきてもいまほどの興奮はないと思いませんか。

ただし、政治に関しては違います。男性のほうが女性より（平均的には）支配的な性質をもっているから、男のほうが統治に適応的ということはいえるかもしれません。ただ、どの国でもだいたい同じくらいの数の男女がいるわけですから、ちゃんと女性の意見を吸い上げるような意思決定機構をつくり、両方の権利を守る必要がある。

そう考えると、政治の世界は男女半々であるべきだと思うし、職種や居住地についても実際の人口構成を反映して代表者が選ばれるようにしていくことが必要でしょう。もちろん、無茶苦茶な人に政治をやられては困るので、ある程度の政治能力をもった人で、ということにはなりますが。

橘　私も、日本のようにジェンダーギャップ指数が世界最底辺の国では、女性議員の比率をあらかじめ決めておくクオータ制を導入すべきだと思います。その一方で、男と女では好みや適性が異なるのだから、民間企業の社員や役員の比率を男女同じにさせるのは行き過ぎでしょう。

とはいえ日本の場合、いつもはリベラルな主張をしている新聞社やテレビ局の役員構成を見ると男（高齢の日系日本人）ばかりなので、ショック療法として、マスメディアにクオータ制を導入するのはいいかもしれません（笑）。

格差をめぐる各国の状況

橘　日本人はうまく理解できないと思いますが、すくなくともアメリカでは、人種問題というのは「白人／黒人問題」のことですよね。黒人の社会階層が低く犯罪率が高いことを、右派は「自己責任」と批判してきた。それに対して左派は、奴隷制の歴史から連綿とつづく「制度的人種主義（systemic racism）」の結果だという。ここから、白人は生まれたときからレイシスト（人種主義者）で、ピープル・オブ・カラー（「有色人種」の政治的に正しい呼び方）は、仮に人種的な偏見や差別があったとしても、レイシズムとは呼ばないという奇妙な理屈が出てくる。[★66] この論理だと、「黄色人種」である日本人は、どんな言動をしようとも「レイシズム」と批判されることはないという話になります。

安藤　僕はあまり詳しくないのですが、イギリスとアメリカでも状況がまったく違いますよね。イギリスでも人種差別はあるわけですが、アメリカほどアファーマティヴ・アクション（積極的差別是正措置）を行なって是正すべきだという意見が強いわけではない。

階級制がいまだに生きていて、上層と下層がはっきり分かれているけれど、それぞれの階層の人たちはある程度そのことを割り切って考えているように見える。この割り切り感がどこから来ているのかと、不思議に思います。

橘　いまだに貴族がいるように、ヨーロッパでは、格差はあって当たり前と思われているのかもしれませんね。

安藤　アメリカ人はそういう格差を当たり前と考えずに、権利をこれでもかと主張する。

橘　アメリカは身分制を否定してつくられた国ですから。

安藤　カースト制度のあるインドではどうなのでしょうか。

橘　私も詳しいわけではありませんが、インドを旅行したとき、「外国人はバラモンが社会の頂点で、ダリット（不可触民）が最底辺だと思っているだろうけど、いまではバラモンがダリットになりたがっているんだ」といわれて驚いたことがあります。アファーマテイヴ・アクションで、公営住宅への入居や公務員の採用が、カーストが低いとかなり有利になるからだそうです。

私に「逆差別」を訴えた男性はおそらくバラモンなので、どこまで一般化できるかはわかりませんが、実際に、低カースト優遇策に抗議してバラモンの若者が焼身自殺を図った事件が報じられました。南アフリカでは白人が黒人に「逆差別」されているという話を聞いたし、アファーマティヴ・アクションは必要なのかもしれませんが、大規模に導入したところはたいてい紛争の原因になっています。

安藤　カーストでは階層と職業の対応が厳密に定められているわけですが、非常に古い制度なので最近できた職業については、それが決まっていないと聞きました。例えばＩＴ系の職業はどの階層に属するかが決まっていないので、低いカーストでも活躍する余地がある、と。

橘　インドでＩＴ産業が盛んになったのはカーストの制約がないからというのは、興味深いですね。でもインドを旅すると、カーストがいかに社会に深く組み込まれているかをいたるところで突きつけられて、複雑な気持ちになります。女性は不浄とされるのでレストランには厨房も含め男しかいないし、低カーストは食べ物に触れてはならないので、料理をもってくるウエイターと、料理を下げる係が別になっている。これは、そんなにすぐには変わらないように思います。

中国が今後の研究を主導する可能性

安藤　ハーデンは『遺伝と平等』で、まるまる1章を使って、「人種は遺伝的なものではない」ということを丁寧に説明していましたね。

橘　私も読みましたが、ヒト集団の遺伝的な違いを否定しているのかと思ったら、さすがにそんなことはなくて、「大陸系統で遺伝的な差があることは確かだが、それを〝人種〟間の違いとして論じてはならないし、ヒト集団の生物学的な差異を示すだけのデータは集まっていない」という話で、ちょっと拍子抜けしました。プロミンも〝*Blueprint*〟でヒト集団について触れていないことを批判され、ペーパーバック版のあとがきで、「現時点では個人の遺伝的な違いを論じるデータしかない」と言い訳していました。白人の遺伝学者は、いろいろ大変だなあと思いました(笑)。

安藤　きちんと説明をしないと、レイシストと言われてしまうのでしょう。以前、行動遺伝学にも造詣の深いカナダの心理学者フィリップ・ラシュトンが人種と知能や病気などの関係を論じて物議をかもした本[★67]が日本で翻訳されたので、学会で著者に会ったとき、「日本でもけっこう議論を呼んでいますよ」と言ったところ、「えっ、どうして？　東アジア系はいちばん知能が高いんだから、気にしなくていいでしょ」とあっけらかんと言われたことを思い出しました。それくらい楽観的というか無邪気というか、そうでなければこの問題に関しては怖くて発言できないと思いましたね。

橘　脳容量の違いなどから人類の進化の系統をたどる『人種 進化 行動』ですね。当初は非科学的とずいぶん批判されましたが、いま読み直すと、ゲノム分析を駆使した最先端の遺伝人類学の知見とも整合性がとれています。ただしラシュトンは、この本のせいでオンタリオ州の地方警察に、ヘイト発言禁止法違反で2年の禁錮刑に当たるのではないかと、半年にわたって取り調べられたそうです。[★68] そんな白人の研究者にとっては、アジア系は人種問題で責任を追及されることもないし、経済的にも成功しているんだから、恵まれていると思われてるんじゃないですか。

安藤　僕の印象だと、彼は例外として、これまではアメリカでも行動遺伝学の研究者には慎重なタイプが多かった気がします。だから人種問題はもちろん、差別全般につながらないよう気をつけ、研究成果を派手にはアピールしてこなかった。

進化心理学の研究が華々しく紹介されて、さまざまな分野に影響をもたらしたのに比べ、行動遺伝学の認知度があまり高くないのはそのためだと思っています。橘さんのような特定の層にしか気づいてもらえなかった(笑)。

僕は、そういう状況をもどかしいなと常々思っていました。しかし最近は、ハーデンの『遺伝と平等』や、プロミンの“*Blueprint*”など、行動遺伝学者が自信をもって、行動遺伝学の成果を一般向けにアピールするようになりました。

従来の行動遺伝学がふたご研究による抽象的な統計量を扱っていたのに対し、最近の研究はＧＷＡＳを用いて具体的な遺伝子の働きを追っているので一般にも説明しやすくなったことが大きいのでしょう。さらに、遺伝子検査ビジネスが盛んになっている状況もあり、きちんと遺伝について説明しておかなければならない。若い世代の行動遺伝学者たちは、そういう問題意識をもっているのではないかと思います。

橘　そう考えると、遺伝学の分野では有色人種の研究者にアドバンテージがあるのかもしれないですね。アジア系の遺伝的な特徴を論じるのなら「レイシスト」と批判されることはないし、中国なら大規模な遺伝データベースをつくれそうです。いまはＡＩ（人工知能）の分野で中国に先行されるという議論ばかりですが、今後、中国系の研究者が集団遺伝学を主導しても不思議はないと思います。

安藤　東アジアのヒト集団を調べようと思えば、中国は人口が多くて、ゲノムや収入、学歴などのデータも揃っているでしょうから、研究しようと思えばすぐにできそうです。日本ではそういうデータを取ることに多くの人が抵抗感をもっているので難しいかもしれませんが、僕自身は早くしないと遅れをとる一方ではないかと思っています。とはいえ自分から声高に「欧米や中国に先行を許すな、いけいけ」と扇動する気にはなれません。社会にその土壌がなければやはり健全な意思決定にはつながらないだろうし、時期が来ればおのずと社会もその方向に動くでしょうから。

遺伝が明らかにする人類の来歴

橘　国立科学博物館館長で、『人類の起源——古代DNAが語るホモ・サピエンスの「大いなる旅」』（中公新書、2022年）を書いた篠田謙一さんとお話しさせていただいたことがあるんですが、ヒト集団の遺伝的な違いは人類の来歴を示していて、「わたしたちは何者なのか」という問いへのきわめて強力なアプローチになることがよくわかりました。[*69]

遺伝子検査には「祖先遺伝子」を調べる項目もあって、アメリカのような移民国家では大きな需要があるんだろうと思います。誰でも自分がどこから来たのか知りたいですから。とはいえ私の場合、「日本人100%」でなんの驚きもなかったのですが（笑）。

それでも縄文人と一致する遺伝子型（バリアント）が平均的な日本人より少ないとか、逆にネアンデルタール人の遺伝子は平均より多いことがわかって面白かったです。

ただ、「日本人はどこから来たのか」のように、東アジアという似たような遺伝的集団内での移動をＤＮＡから推測するのと、ネグロイド、コーカソイド、モンゴロイドという大陸系統の遺伝的違いを論ずるのは別なんだろうなとも感じます。

安藤　そこがいちばん揉めるところですからね。

橘　特定のヒト集団を貶めてはならないのは当然ですが、だからといってヒト集団のあいだの違いに触れなければいいという話にはなりません。それが個人や社会に大きな影響を及ぼしている場合、いま目の前で起きていることの説明がつかなくなって、陰謀論などの温床になるからです。

これは『もっと言ってはいけない』（新潮新書、２０１９年）で書いたのですが、国別・地域別のＩＱの値をヒト（ホモ・サピエンス）の移動に当てはめると、きわめて説得力のある説明が可能になります。アフリカで誕生した初期のホモ・サピエンスのＩＱはだいたい60から70くらいで、アフリカ内で80まで上がり、中東に向かった集団は90くらいになって文明をつくった。さらに、ヨーロッパやアジアに向かった集団では１００から１０５くらいまで上がっていった。これは、熱帯や亜熱帯に比べてユーラシア北部は寒冷で、それに適応するために知能が高くなったからだと説明されます。この仮説に私は完全に納得しているわけではありませんが、地域によってＩＱにはっきりとした傾向があることは興味深いです。

安藤　それぞれのヒト集団がどのように環境に適応していったか、という問題ですね。これを敷衍していけば、ホモ・サピエンスだけでなく、ネアンデルタール人やその祖先であるホモ・ハイデルベルゲンシスまで議論することも可能でしょう。

人類の文化には、知能だけでなく、パーソナリティの要素も関わってきます。騎馬民族と農耕民族の違いなどについても、遺伝的な分析を介したほうが、整合的かつ合理的な説明ができるのではないかと思います。

さらにいえば、こうした歴史的な視点をもつことは、現代の社会問題を解決するカギになる可能性もあります。あるヒト集団の知能が仮に低かったとしても、それは祖先集団が環境に適応するために別のところにリソースを振り向けた結果かもしれない。例えば、直感的知能や空間的知能が高いほうが狩猟に有利だったからだ、といった証拠が出てくることも十分あり得ます。そうなったら、現代社会でもそうした能力を見直そうといった機運が高まるかもしれません。

橘　ADHD（注意欠如・多動症）が発達障害とされるのは、現代の知識社会が堅実性パーソナリティ、すなわち机に座って教師の話をじっと聞いたり、会社で長時間のデスクワークをする能力が重視されているからですよね。環境が目まぐるしく変わる旧石器時代にはADHDのほうが適応的だったはずだし、だからこそその遺伝子が現在でも残っているのでしょう。これから時代が大きく変化し、世界が流動化していくなら、いまは困難な経験を強いられているＡＤＨＤの人たちが活き活きと活躍しはじめるんじゃないですか。

安藤　堅実性が高いことを前提にした教育制度も、根本的に変わるかもしれないですね。

遺伝学の知見が社会科学へ

安藤　遺伝子の研究でいうと、２０００年代前半くらいまでは、単一遺伝子の違いを元に、西洋人、東洋人のパーソナリティを説明しようという論文が出ていました。ですが、最初に述べたように、それらはメタ分析で否定され、再現性も高くありません。そのため現在は、単一遺伝子ではなくＧＷＡＳが主流になっています。

ＧＷＡＳ研究からは、ヒト集団が人種といった単位ではなく、もっと複雑なクラスターをつくっていることがわかってきました。社会環境、自然環境の違いに適応するため、こうしたクラスターができたのだと想像はできます。しかし、ヒト集団の特殊性、例えば東洋人らしさとか、インド人らしさとかいったものを説明できる遺伝的な因果関係は見つかっていません。私たちの社会には、何となく遺伝的にまとまった集団がある、という事実しかわかっていないのです。さっき申し上げた境界線のあいまいなマーブル模様みたいな状態です。

橘　今後、ある種の遺伝子群の分布の違いが、ヒト集団間の行動に影響していることがわかる可能性はあるのでしょうか。

安藤　可能性はあると思います。いまは、遺伝子に関する知見を社会科学が取り込んでいる最中で、いわば移行期なのでしょう。遺伝的な差異が脳活動の違いをどのように生み出し、さらにどういう文化的な違いに結びつくのかを論じる、まともな理論が社会科学の分野でそのうち出てくるのではないでしょうか。

橘　古代の骨のゲノム解析から人類の移動や交配（遺伝子の交換）の歴史を再現する遺伝人類学では、デイヴィッド・ライクがそのような主張をしていますね。ライクはハーバード大学のリベラルな教授ですが、今後、ＧＷＡＳのデータが蓄積されてくれば、いずれはヒト集団の遺伝的な違いについての「驚くような結果」が明らかになる。だからこそ遺伝から目を逸らすのではなく、「正面から向き合い、責任をもって対処しなければならない」と述べています。[70]

安藤　まさにそのとおりだと思います。

橘　近年の遺伝人類学では、遺伝子と文化が共進化しているという理解が標準的になっています。ヒト集団間の遺伝子の違いが異なる文化をつくり、それと同時に、文化の違いが遺伝的な適応に影響を与えるという説は、説得力があります。

安藤　僕もそうした共進化はありえるだろうと思います。昔、双生児を使って、似たような実験ができないか考えたこともあります。

まず遺伝的に外向性が高い双生児を集めたグループを二つ、一方で外向性が低いグループを二つつくります。そして、彼らを3泊4日くらいまったく自由に行動させる。生活上の決まりや遊び方もグループによって違ったものが生まれてくるのではないか、という実験です。

つまり、遺伝によって異なる文化が短期間でつくられることを実証できると思っていたのですが、残念ながら科研費を取ることができませんでした。実験社会行動遺伝学という名前まで考えていたんですけどね（笑）。

橘　それはすごく面白いですね。本書をきっかけに話題になれば、科研費が取れるかもしれませんよ（笑）。

安藤　NHKなりどこかのテレビ局なりがお金を出してくれるのなら、実験してテレビ番組にすることもできるのではないかと思っています（笑）。

東アジア系の男性が大人しい理由

橘　ヒト集団の遺伝的な違いに興味があるのは、それが「日本人とは何者か」という問いにつながるからです。

6万年ほど前にアフリカを出て、ユーラシア大陸を横断して東アジアにたどり着いたホモ・サピエンスは、コメの水耕栽培というイノベーションによってきわめて人口密度の高い社会をつくり出しました。ヨーロッパの人口が少なかったのは、連作障害のある小麦の生産性が低かったからです。それに対して、条件次第では二毛作も三毛作も可能なコメは、維持できる人口が桁ちがいに大きかった。近代以前は、アジアは豊かで、ヨーロッパは貧しかったのです。

人口密度が高い社会では、共同体内の人間関係が複雑になって、攻撃的なパーソナリティは排除されていったでしょう。その結果、他人の視線や表情に敏感になると同時に、対人関係を維持するための言語的知能が上がっていった。江戸時代に日本を訪れたヨーロッパ人は、庶民が瓦版や木版印刷された大衆小説を読んでいるのを見て驚愕しました。

攻撃性を抑制して高い知能をもつようになった東アジア系は、全体的に幼児化していったのではないかと私は考えています。社会的・文化的な圧力で協調的で従順な性質に進化していくことを「自己家畜化」といいますが、そのために遺伝子の突然変異が必要なわけではなく、子ども時代の遺伝子発現を再利用すればいいだけです。これが「ネオテニー（幼態成熟）」です。

安藤　ネオテニー説は日本では人類学者の尾本恵市先生が精力的に唱えていらっしゃいますね。これについて、僕はいまのところ考えを保留にしています。エピジェネティクな遺伝子の発現機構と対応がつけば信ぴょう性は高いでしょうね。

橘　東アジア系の男性は睾丸が小さいというデータもあります。それによって、当然、テストステロンの分泌量も違ってくるでしょう。これが、東アジア系は総じておとなしく内向的に見られる生物学的な背景かもしれません。日本をはじめとして東アジアの国で犯罪率が低いのも睾丸の小ささが関係しているように思うのですが、どうでしょうか。

安藤　さまざまな要因が絡んでくるので一般論として単純化はできませんが、何らかのかたちで遺伝的なバリエーションが関わっているとは僕も思います。犯罪にかぎらず、歴史的な出来事であっても、あらゆる事象を環境のバリエーションだけで説明することはもはやできなくなりました。

橘　一人ひとりの人生だけでなく、歴史や社会・文化のあらゆるところに遺伝の長い影が伸びているわけですね。

なぜ日本には華僑がいないのか

橘　もう一つ、私が興味をもっているトピックは「日本になぜ華僑がいないか」です。

華僑は東南アジアの経済で強い支配力をもっていますが、日本や朝鮮半島ではそんなことはありません。一時期、鄧小平（中国）、李登輝（台湾）、リー・クアン・ユー（シンガポール）がいずれも客家（はっか）の出身だということで、ユダヤ陰謀論と同じく、華僑にも闇のネットワークがあるという話で盛り上がったことがありますが、もしそうなら真っ先に中国系の支配下に入るのは朝鮮半島と日本でしょう。

でも、現実にはそうなっていません。これは、朝鮮半島や日本のヒト集団が、中国人とほぼ同程度の知能をもっていたからではないのか。これは歴史学者が問うことすらしなかったテーマですが、ヒト集団の認知能力の違いを無視して、華僑の分布に地域差があることをどのように説明できるのか、私には見当もつきません。世界の最貧国で、徹底した独裁制の北朝鮮が次々とロケットを打ち上げている理由も、ここから説明できます。

安藤　中世のある時期まで、イスラーム文化は圧倒的な強さを誇っていました。科学をはじめ、特定の文化領域を支配していたといっていいでしょう。経済全体を支配するところまでいかなくても、ユダヤ人が経済構造の重要なポイントを握っているという例もありますよね。よくユダヤ人は商売や芸術、学問に強いといわれますが、一般知能に加えて、そういう特定分野の知能が高いということもあったかもしれません。

橘　アインシュタインやフォン・ノイマンなどの天才を輩出したアシュケナジム（東欧

系ユダヤ人）の平均ＩＱは１２０前後といわれていますよね。遺伝と文化の共進化によって、学問分野だけでなく、経済や文化でも大きな成功を収めるようになった。このことを否定すると、ユダヤ人は何か不正なことをして成功したにちがいないという話になってしまいます。これがナチスのプロパガンダに使われ、ホロコーストの悲劇を引き起こしたことを忘れてはなりません。

安藤　ヒト集団が文化的なブロックをつくるというのも、よく見られますね。異なるエスニシティにいる人たちを見て「あいつらとは結婚して子どもをつくろうとは思わない」という心理的な壁は、どこにでもあるでしょう。そう言いつつ、ときどき違う集団にいる人たちのあいだで恋が生まれたりするのだけど、これはやはり男女間の性的関心の生物学的強さのせいですかね（笑）。

橘　ロミオとジュリエットではないですが、恋愛感情は障害が大きいほど燃えあがりますからね。近年、日本を含む先進国で婚姻率が急速に下がっている理由の一つは、社会がリベラル化して恋愛の障害がなくなったことだと思ってます（笑）。

ヒト集団のブロックで興味深いのは、アシュケナジムのあいだで、テイサックス病などの特定の遺伝子疾患の発症率がきわめて高いことです。インドでは、あるカーストにしか見られない病気があるという話も聞きました。

安藤　カースト内や宗教集団のなかでの結婚を続けてきたわけですから、そうしたことは考えられるでしょう。それに比べると、日本の差別問題は完全な社会的構築物といえると思います。同和地区にいる人たちに対して遺伝子検査しても、ヒト集団としての差は出てこないはずです。

橘　被差別部落の外の相手と結婚することや、食いつめて被差別部落に流れついた者がたくさんいたことがわかっていますからね。遺伝子プールのなかで混ざり合って、もはやなんの違いもなくなっているはずです。

安藤　もちろん、いまの差別問題が遺伝子検査ですべて解決すると思うほど、僕も楽観的ではないですが。

歴史学は遺伝によって書き換えられる

橘　知能の遺伝率は平均すれば60%程度とのことですが、こうした形質でも、ヒト集団によって遺伝率が変わることはあるのでしょうか。

安藤　文化のバリエーションが大きい場合、遺伝率が相対的に低くなることは、理論的にはありえます。ただ、知能の遺伝率が文化のバリエーションによって大きく変わるというエビデンスはありません。

これは僕の予想ですが、遺伝子のバリエーションと文化のバリエーションがヒト集団に与える影響は、予定調和的にだいたい半々くらいになるようにできているのではないかと思います。ヒト集団間で遺伝的な違いはあったとしても、それぞれの集団に応じて環境的なバリエーションも違ってくるのではないかと。

橘　遺伝と文化が交互作用するには、半々が最適だということですか。

安藤　結果的にそういう状況にあったヒト集団が遺伝子を残しやすかったということではないかと思います。正確に50％ずつだとまでは主張しませんが、遺伝率が100％になることもなければ0％になることもない。遺伝子の産物である生命のしなやかさの下で、その遺伝的バリエーションを適度に維持できる程度に環境にも変異を与えるようにできているのではないかと。ただ、これもエビデンスはありませんから、真面目な研究者からはフライングと言われるでしょうけど。

橘　それはかなり説得力のある仮説だと思います。いずれにせよ、遺伝人類学がいままさに人類史や世界史を書き換えつつあり、「なぜここにこんなヒト集団がいるのか」という視点で見ると、次々と新たな発見が生まれると思います。

安藤　ヒト集団と遺伝の研究が進めば、歴史は「個人のヒーローストーリー」を超えたものとして語ることができるようになるでしょう。

橘　日本の場合、ヨーロッパにおけるユダヤ人のような、遺伝的に異なるヒト集団は存在しないでしょうが、これまでの理解とは違う遺伝クラスターが見つかる可能性はありそうです。

安藤　僕も不思議に思っています。戦国時代までは東北にも立派な独自の文化がありましたし、蝦夷にも違う文化があった。それなのに、なぜいまの日本はここまで東京集中型の画一的なものになってしまったのか。

もちろん遺伝だけが原因ではないにせよ、歴史的にはある種の集団が流入することで、文化の活性化が行なわれてきたわけですから、何らかの「ファクターX」がいまの日本の姿をかたちづくっている可能性はあると思っています。それを実証するには日本人全員のゲノム分析をすればいいだけですから、技術的には簡単なのですが、生まれてくるのがちょっと早すぎました（笑）。

橘　古代骨のDNAを調べれば、過去にもさかのぼっていけますしね。日本人がどこから来たかも、東アジアで大規模なゲノム分析をしたり、古墳の古代骨を調べたりすればすぐにわかるでしょうね

安藤　歴史人口学者の速水融（あきら）先生は、お寺の台帳などの古文書を丹念に調べて人口の変遷を追い、社会がどう変動したのかを明らかにしました。歴史人口学と行動遺伝学はまっ

たく関係がなさそうに見えますが、発想はよく似ています。違いは、遺伝子単位で見るか、個人単位で見るかだけです。

ただ、邪馬台国論争など、決着がつかないほうがロマンがあって面白いことはたくさんありますけどね（笑）。いずれにしても人類の来歴は、一つや二つの遺伝子で説明できるような話ではなく、ゲノム全体の分布がどう変化したかを調べる必要があるでしょう。そこに考古学や人口統計学などのあらゆる分野の知識を総動員すれば、さまざまなことが明らかになるはずです。

橘　「日本人はどこから来たか」というテーマがこんなに人気なのだから、古墳や天皇陵の古代骨のDNA解析は、ぜひやってほしいと思います。きっと夢が広がります。

安藤　それくらいの感じで楽しむのがいいですよ。本来、その程度のものです、遺伝なんて。

橘　東アジアのいちばん端にある島国に押し込められ、人口稠密(ちゅうみつ)なムラ社会に適応するために自己家畜化していったのがいまの日本人だというのが私の仮説です。「日本人は世界でもっとも自己家畜化した民族」だということを、10年もすれば誰かが証明してくれるのではないかと期待しています（笑）。

遺伝による個人差と本当の多様性

安藤　最後に僕から橘さんにうかがいたいと思っているのは、多様性というものをどう考えていけばいいのか、ということです。

この世界では、さまざまな考え方が対立しています。リベラルと保守の対立は代表的ですね。教育の分野でいえば、アクティヴラーニングを推進すべきかどうかといったことが議論になっていたりします。けれど、こうしたことを議論するうえで絶対に避けられないのが遺伝による個人差だと、僕は考えています。

例えば、最近発表された行動遺伝学の研究で、収入、知能、健康の相関を調べたものがあります。[★71] 知能の高い人はちゃんと貯蓄をしていて、健康にも気を遣っている。そういうことが、生得的な遺伝的素質と高い相関関係にあることがわかってきました。

アクティヴラーニングでいえば、教育界では「自分の頭で問題を見つけよう、自分の頭で考えよう」という意見が増えて、これを推奨する動きが強まっています。けれど、行動遺伝学の知見を踏まえると、遺伝的にアクティヴラーニングに向いた人もいれば、そうでない人もいる。アクティヴラーニングによってみんなが自分の頭で考えられるようになるなんてことは絶対にない。行動遺伝学者として、僕はそう断言できます。

橘　日本の教育学は、「子どもは空白の石版（ブランク・スレート）で、正しい教育によってどこまでも学力を伸ばせるはずだ」という、荒唐無稽な前提になっていますよね。

安藤　そうです。教育政策もその考えに基づいてつくられています。でも、遺伝的な個体差があることを前提に教育システムを考えないかぎり、僕たちは「暗黒時代」から抜け出せません。

橘　私は安藤さんが正しいと思いますが、教育界でその意見に同意する人はほとんどいないのではありませんか。

安藤　こっそり賛同してくれる人はいますけどね（笑）。そもそも、世の中にあるさまざまな対立や格差といったものを、教育や制度だけで変えられるという発想自体に無理があると思います。「保守的な考え方が社会を硬直させるのだから、みなさんリベラルな考え方をしましょう」と啓蒙したところで、一定の割合は必ず保守的になるわけですから。

橘　私はちょっと意地悪に、「パン屋が〝パンを食べれば健康になるから、税金でパンを無料にすべきだ〟と主張するなら、それが正しいことを証明する責任はパン屋にある。それと同じで、教育に税金を投入すれば社会はよくなると主張するなら、納税者への説明責任は教育者にある」と何度か書いたことがありますが、これまでのところ反論はありません（笑）。

ただ、「教育で学力を伸ばせる」というのはさすがにウソっぽくなったからか、最近は情操教育が強調されたりしますよね。「他人に共感できる子どもを育てましょう」などといわれますが、ここにも半分程度は遺伝の影響がある。共感が難しいタイプは男性に多いでしょうが、自分に欠陥があるかのようにいわれ、理不尽な批判をされていると感じるのではないでしょうか。

安藤　「口角が××度上がったら、それは喜んでいる状態です」みたいなことだけ学んでも意味がないですからね。その程度だったらまだいいかもしれませんが、この社会にとって望ましくない形質をもった人は必ず生まれてくるものです。

例えば、世の中にはいろいろな種類の犯罪がありますが、人間をそれぞれの犯罪に導いてしまう遺伝的な素質は存在します。もちろん、だから犯罪者に非がない、ということを言いたいのではありません。

けれど、犯罪には遺伝的な素質が影響していることを前提にして、量刑などを含めた法律をどうしていくのが妥当か。さらには望ましくない形質が表に出てこない社会、あるいはそういう形質を別のかたちで活かせる社会をつくるにはどうすればいいかを議論すべきでしょう。

橘　「体重には遺伝的な影響があるのだから、肥満を批判してはならない」「気分や感情には遺伝的な影響があるのだから、うつ病を批判してはならない」というのは、いまではほぼすべての人が同意するでしょう。だとしたら、「衝動性やリスクを好む傾向には遺伝の影響があるのだから、犯罪に手を染めることを批判してはならない」はどうなのか、という話ですね。

アメリカでは重罪の被告が、攻撃性・暴力性に関係するとされるMAO-A遺伝子（戦士の遺伝子）の保有者であることが、情状酌量の証拠として法廷に提出されていますから、このやっかいな問いから目を背けることは早晩、できなくなるでしょう。

安藤　単一遺伝子による主張なら一蹴できますが、GWASのポリジェニックスコアで明らか反社会性の傾向が見つかった場合、どうなるのかということですね。まさにそれを議論すべきなのですが、日本社会はその前提にすら立てていないことに危機感を覚えます。

社会がリスクに対して過敏になっている

橘　アメリカの神経犯罪学者エイドリアン・レインによる、9歳のふたごを被験者として問題行動研究では、教師、親、本人の三者が「反社会的」と評価した子どもだけを抽出して分析したところ、反社会的行動の遺伝率は96%でした。ここからレインは、遺伝的に犯罪性向の高い人間は、事件を起こす前から施設に収監する社会がいずれ訪れるだろうと述べています。[★72]

ＳＦのような話に思えますが、中国のような超監視社会では、実際にこうしたことが起きても不思議はない。あるいは、新疆のウイグル人に対して、すでに行なわれているかもしれない[★73]。

中国は監視社会だと欧米から非難されていますが、中国人は国家による監視をむしろ歓迎しているという話もある。誰を信じてよいかわからない混沌とした社会より、監視社会のほうが生きやすいというわけです[★74]。

安藤　あえて偽悪的にいえば、それも選択肢の一つではあると思います。そしてほかの選択肢がない、あるいはほかの選択肢よりも有効であるといえるのであれば、その選択肢をとることは正当化されるかもしれない。しかし、世界にそうでないやり方でうまくいっている事例があるのに、あえて監視国家を選択する正当性はないんじゃないかと思います。自由主義陣営が言っているのは、「やっぱり俺たちの世界のほうがいいぜ」、ということなんじゃないかと。

橘　しかしその自由主義社会でも、驚くようなことが起きています。イギリスでは２００３年、リベラルな労働党政府によって、ＩＰＰ（公衆保護のための拘禁：Imprisonment for public protection）が導入され、刑期が満了しても、釈放後に再犯の可能性が高いと見なされると、期限を定めずに収監を継続できるようになりました。この法律は２０１２年に廃止されましたが、その時点で刑期を終えた6000人以上が収監されていたといいます。同様の制度は、カナダ、ドイツ、オーストラリア、ニュージーランドなどリベラルな先進国で導入されていて、性犯罪、とりわけ小児性犯罪が主な対象となっています。

イギリスでは2000年に、DSPD（危険で重篤な人格障害）に対して、「その法のもとで危険だと考えられる人物を、たとえなんら犯罪をおかしていなかったとしても、警官が逮捕し、検査と治療のためと称して施設に送ることができるようになった」とされます。[★75] 遺伝的にリスクの高い人間は、できるだけ社会に出さないようにするというのは、ある意味、中国との違いがなくなってきていますね。

安藤 そうでしたか。でもそれって、逮捕する側は自分は逮捕される可能性がないと端から信じられるからそうやっているのではないでしょうか。自分もいつか同じ理由で逮捕される可能性があることを想像できていない。

橘 私たちは人類史上未曾有の「とてつもなく豊かで、とてつもなく安全・平和な社会」を実現しましたが、それによってリスクに過敏になっている。池袋の交通事故で、高齢者の運転ミスによって若い母親と3歳の女児が死亡したときの社会の反応はその典型ですが、子どもが犠牲になるリスクを許容できなくなっている。

安藤 大阪の附属池田小事件をきっかけに、日本中の小学校の門が閉められるようになったのもそうですね。どう考えても過剰反応だと思うんですが。

橘　これからも「絶対安全」を実現するために、少しでもリスクになりそうな人物を社会から排除する措置は正当化されていくでしょう。リベラルな先進国ほど、死刑を廃止する一方で予防拘禁を導入しているのは象徴的です。

「実質的な終身刑」が人権侵害だと批判されると、次は「去勢」です。ドイツでは25歳以上の性犯罪者を対象に、本人の同意を得たうえで「去勢手術」を行なっています。スウェーデンやデンマークなど、リベラルな欧州の国にも同様の制度があります。今後日本でも、小児性犯罪者を施設から出さないとか、人為的にテストステロン値を下げる処置をすべきだという議論が出てくるのではないでしょうか。

遺伝的格差という根本問題

安藤　リベラルな社会の原則に賛同できる人は、自分が遺伝的な問題を抱えていないマジョリティだと信じているのでしょうね。人口の7割か、もう少し多いくらいでしょうか。逆にいうと、人口の2～3割は社会に適応しづらい何らかの問題を抱えている。現在は、こういう人たちを救う制度だけでなく、苦悩をすくい上げる言説すらありません。この人たちはいつか社会に対して叛逆を起こすことになるでしょう。

橘　アメリカはすでにそうなっているのでは。トランプを支持して連邦議会議事堂を占拠した「陰謀論者」はその典型でしょう。そういう人たちに共通する〝遺伝的形質〟があることはみんな何となく気づいているのだけれど、ではどうすればよいのか、何を議論すればいいのかがわからない――という状況だと思います。

安藤　遺伝的な格差は、さまざまな社会的問題を生み出す、ある意味でもっとも根本的な要因ですからね。

橘　でもリベラルな社会はその事実からずっと目を背けてきたし、それが社会を安定させるいちばんの方法だ（「パンドラの箱」を開けてはならない）といってきた。それでも、知能だったり、性的魅力つまりモテ・非モテだったりという個人差に遺伝が影響しているという認識は広がりつつありますが、だったらどうすればいいのかがわからないから、そこで止まってしまっている。これが、無難な「きれいごと」ばかりが繰り返される理由だと思います。

本書の第2章で述べたように、『言ってはいけない』で「精神疾患は遺伝する」と書いたところ、「救われた」という反響がたくさんありました。現実には、子どもが精神障害や発達障害で、自分の育て方が悪かったのだろうかと苦しんでいる親がたくさんいる。遺伝の影響を認めないリベラルの「きれいごと」は、じつはものすごく残酷です。

安藤　『遺伝と平等』の終盤で、著者のハーデンもそのことを強調しています。それどころか、「いまの時代、遺伝の影響を語らないのは罪だ」とまで言い切っている。すごく勇気のある発言だと思いました。僕もしばらく前から、教育の世界で能力の遺伝に言及しないのは知的に不誠実だとはっきり言うようにしています。

橘　社会が複雑化するにつれてあちこちで利害の対立が起こるようになり、それもあって「寛容さ」が大事だといわれるようになりました。でも当然のことながら、寛容性もパーソナリティである以上、遺伝の影響が半分はある。遺伝的に不寛容な人たちを、どう社会に包摂していけばよいかは難しい問題です。

安藤　幸い、僕はこれまでの人生で本当の悪人といえる人間には会ったことがないのですが、想定しうる最悪の人間と、どうやったら生活圏をともにできるか。あるいは遺伝的にもっとも社会的に恵まれない条件に生まれついてしまった人をどうすれば救うことができるのか、そのような思考実験を繰り返すことが必要ではないかという気がします。

橘　「あるべき社会の姿」と、その社会に適応できる「あるべき人間の特性」が、きわめて狭い範囲に限定されている。昨今のポリティカル・コレクトネスの複雑怪奇なルールを理解し、適切な言動ができるような「リベラル・リテラシー」の高い人は、どう考えてもごく一部です。それにもかかわらず、マジョリティに属する人物がちょっとでも不適切な言動をすると、みんなで寄ってたかってバッシングする。

リベラルのいう「多様性(ダイバーシティ)」は、自分たちが許容する範囲でのみ認められて、そこから外れる異物は許さない。多様性、寛容性を唱える人たちが、「この不愉快な異物を社会から排除しろ」と大合唱している。「同情・共感できるパーソナリティであれば、人種や民族、性的指向やジェンダー・アイデンティティにかかわらず、〝自分らしく生きる〟権利を認めますよ」ということですが、この原則は、社会的な望ましさから外れた人には適応されない——日本に限らず、世界的に見ても、「リベラルこそが不寛容」という傾向になってきています。

安藤　それについては、無責任かもしれませんが、僕は少し楽観的に考えています。橘さんの仕事も、僕の仕事もそうですが、「言ってはいけない」ことを世間に向けて発信し続けていれば何か変わっていくのではないか、と。

人間というのは、意外にしたたかなものです。いまは問題を抱えている3割の人たちが、いずれ、「遺伝だというのなら、それを認めてこうやって生きていこう!」と開き直れるようになるのではないか。思いも寄らぬ生存戦略を編み出して、何か新しい社会をつくっていくのではないか。そんな漠然とした期待をもっています。

橘　そうなったら素晴らしいですね。

「ユーディストピア」の到来

橘　皮肉なことに、これほど豊かな社会なのに、生きていくことを辛いと感じる人がたくさんいます。若い人からの相談の多くは、「やりたいことが見つからない」です。あるいは、たとえ挑戦しても、結果はあらかじめわかっていると思っているのかもしれない。

安藤　社会心理学でいう、「セルフ・ハンディキャッピング」に逃げている人もいるのかもしれないですね。自分には最初からハンディキャップがあると思い込んでおけば、傷つかないで済むと。

橘　あと、やはりSNSの影響は大きいと思います。SNSによって、人類史上はじめて「評判」が可視化されました。これはとてつもないイノベーションで、もはやブランドや高級車で間接的に評判をシグナリングする必要がなくなりました。ユニクロの服に短パン、サンダルという格好でも、フォロワー100万人ならみんなから尊敬される。

安藤　それは虚構です、と言いたいですけどね。ただ、そういうモデルがいったんできてしまったら、それが真実になってしまう。

橘　貨幣も虚構ですが、みんなが価値があると信じれば、共同幻想が実在のものとして流通するのと同じですね。しかもSNSはグローバルに開かれているから、いまやライバルは世界中にいる。日本人はある意味「日本語の壁」に守られていますが、英語圏ではより深刻でしょう。

それに加えて、これからは機械（ＡＩ）が人間のスキルを代替していく。漁業にしても、昔は一本釣りをしていたのが魚群探知機を使うトロール漁になり、魚資源を維持しつつ効率的に漁獲できる仕組みを設計できる人が必要とされるようになってきている。農業にしても、完全自動の工場で野菜をつくるようになってきています。

これまでは学歴はなくても、高度な暗黙知をもっている人たちが社会を支えてきました。ところが、囲碁や将棋で人間がＡＩに勝てなくなってきたように、こうした作業はすべて機械に置き換えられていくでしょう。そうなれば、価値があると見なされるのは、ごく一部のシステム設計者だけ……。そういうディストピア的な未来に向かっているように思えます。

安藤　システムがうまく回るのであれば、機械がたいていの労働をこなしてくれるわけですから、ほとんどの人はベーシック・インカムのような所得補償によって、基本は何もしなくてもとりあえずはなんとかなるでしょうね。

橘　私はそれを「ユーディストピア」と名づけました。ユートピアとディストピアが同時に訪れることです。そこでは、人間に残されているのは評判獲得競争だけになる。性愛のためにすべてのリソースを投入して評判競争をする。そんな社会になるのではないかと思います。

ニッチはどこかに残っている

安藤　ただ僕は、人類がリアルな肉体をもった存在として、リアルな物質のつくり上げる世界で生きつづけるかぎり、そのように極端なことにはなりえないとも思うんですよ。SNSでグローバルな世界と比べてしまうと、自分が生きていける場所などどこにもないと思ってしまうかもしれない。いまの仕事がAIに代替されてしまうということも、たぶん現実になるでしょう。

でも、僕は楽観的なのかもしれませんが、この世界のなかに「適性に応じたリアルなニッチを探すシステム」をつくることも理論的には可能ではないかと考えています。だって世界は解決しなければならない問題に満ち満ちているでしょう？　ある問題を解決したつもりになっていたら、それが別の問題を引き起こす。いつまでたっても逃げ水のように問題は立ち現われてきて、それを解決できる人を必要とする。それこそが、みんながいつもしている「仕事」だと思うんです。

実際、いまも世の中には決して全国区で有名でなくとも、「ほどほど」にいい仕事をして、「ほどほど」の満足感や充実感を得て、「ほどほど」に食べていける、そういう人はたくさんいますよね。誰もが自分の適性で解決できる問題に出会い、学んだ知識や技術を駆使して、また新しい知識や技術を開発して、そのリアルな世界のなかで多様な活躍ができる社会構造は、テクノロジーで実現可能だと思います。人類はそこまでたどり着けると僕は確信しているし、その段階に達して初めて新しい「人類史」はスタートするのではないでしょうか。だから戦争なんかしている暇はないはずなんです。

橘　コンピュータによってメタバースに人為的な最適環境を構築できる可能性が出てきたように、これからテクノロジーが社会を大きく変えていくことは間違いないと思います。とはいえ、それを現実（リアル）に適用するにはまだまだ壁がありそうです。いまおっしゃったのは、例えばマッチングシステムのようなもので、適性に応じたニッチを見つけることができるようになる仕組みですか。

安藤　そうです。その人のポリジェニックスコアとこれまでの学習の来歴が予測する能力、そのときの世界に起こっているあらゆる問題空間のデータについて、遺伝的アノテーション（教育年数などのデータに関連する塩基配列が、具体的に、生体のどのような部位と関わって機能しているかの推定）を行ない、マッチングしていく。遺伝子の組み合わせは無限ですが、遺伝子の数は有限です。起こり得るエピジェネティクな変化も限られています。環境のほうは変化するので無限といえるかもしれませんが、人間がきちんと生きていくために最低限必要なものに絞れば、ＡＩで扱えるのではないでしょうか。

橘　自分のゲノムデータをＡＩに登録すると、「あなたにぴったりのコミュニティや仕事はこれです」とリコメンドされる、と。

安藤　そうそう。まずはそこから始めてみてはどうでしょう。もちろん実際にやってみたら、「思っていたのと違う」という予想外のエラーも起こるはずです。そうすれば、自分の適性が発揮できる別の場所や職業に移ればいい。現時点では夢物語だとわかっていますが、理論的には実現可能な気がしています。

橘　そういう世界でも、序列争いは起こるのでしょうね。

安藤　絶対に序列争いはありますよ。強い／弱い、美しい／醜い、賢い／賢くない……ちょっとでも個人差があれば誰もが優劣を意識するでしょうし、それは生得的に避けられない。またその価値判断があるから、生きがいも生まれる。自分に合ったニッチをある程度、自動的に探し出すことができるマッチングシステムが登場すれば、多くの人がより快適に生きられるようになるのではないかと思います。それが実現するかしないかを疑う以前に、とにかくそういう課題を具体的に想像してみるところに意義がある。

テクノロジーの進化を越えて

橘　遺伝子編集のテクノロジーが日進月歩で発達しています。クリスパー・キャスナインによって、望ましい遺伝的形質を強化したり、望ましくない形質を削除したりすることが、やろうと思えばできるようになりました。障害をもって生まれてきたら可哀想だから、あらかじめゲノム編集しようというパターナリズム的な社会がもはや目の前にきています。

安藤　法的な制限がなければ、やりたい人はやるでしょうね。いや、法律の陰ですでに手を付けはじめている人もいるかもしれない。

橘　病気で考えるとわかりやすいですよね。乳がんになりやすい遺伝子はわかっているわけですから、それを生まれる前に取り除こうというのは、ほとんどの人が同意するでしょう。それが当たり前になれば、社会に不利益をもたらすパーソナリティもあらかじめ編集してしまおう、となっても不思議はありません。

資本主義の論理で、ゲノム編集のコストもどんどん安くなっていくでしょう。身長は高いほうがいいし、肥満体質は避けたい。髪の毛を金髪にしたり、青い目や緑の目にすることも、さほど難しくないでしょう。いずれは外見だけでなく、ついでに知能も上げておくか、ということになるかもしれません。これは親が望んだ遺伝子操作ですから、「優生学

２・０（Eugenics2.0）」と呼ばれています。[76]

安藤　１９９７年のアメリカ映画「ガタカ」のような世界ですね。人工授精と遺伝子操作によって完璧な外見と能力をもった「適正者」と、自然妊娠で生まれた「不適正者」に分かれる未来を描いた、きわめて予言的な作品でした。

橘　原題の"Gattaca"は、遺伝子を構成する四つの塩基A、T、G、Cを表わしているんですよね。まさにいま、映画で描かれた未来世界にテクノロジーが追いついてきたのですから、驚くべき先見性です。

安藤　ゲノム編集では必ず予想外のランダムな問題が出てくるでしょうから、そう簡単にはいかないと思いますが、もしそれで本当に社会がよくなるのであれば、やればよいと考えています。ただ、そのようにみんながゲノム編集をするようになった社会でも、知能や気質は正規分布するわけですから、けっきょく、いまとたいして変わらないともいえる。相対的に社会不適応な人も一定の割合で出てくるでしょう。それは避けられない。

でも、考えてもみてください。我々の遺伝子もずっと昔から自然淘汰され、環境に適応した遺伝子がこうやって残ってきたわけですよね。人為的にゲノム編集をしようが、結局同じことを繰り返しているだけだとも言えます。

橘　遺伝子による選別が行なわれる「ガタカ」のような社会を、「遺伝子（Gene）による専制（cracy）」の意味で「ジェノトクラシー（Genotocracy）」というそうです。私などはつい、そんなディストピアを想像してしまうのですが、安藤さんのポジティヴな楽観主義には救われる思いです（笑）。貴重なお話、ありがとうございました。

安藤　こちらこそ、ちょっと偽悪的な芸風で世間を騒がせている橘さんの行間に感じていた「愛」を再確認することができました。ありがとうございました。

あとがき――遺伝を取り巻く「闇」と「光」

行動遺伝学については２０００年に『心はどのように遺伝するか――双生児が語る新しい遺伝観』（ブルーバックス）を出版させてもらって以降、今日まで、それぞれの時点での最新の知見と、それをふまえた私論を、主として新書の形で、たびたび紹介させていただく機会を得てきた。遺伝環境問題という、多くの人が関心を持つであろう、しかしタブーに触れるようなテーマなので、それなりの社会的プレゼンスは示せているのかなという感触はありながらも、その反響の薄さにいささか失望し、むしろ不気味さすら覚えてきた。行動遺伝学の知見は、本来、人間存在の認識の本質に関わり、社会科学のパラダイムを根底から揺るがすかもしれないインパクトをもつと、密かに任じていたからである。

ところがベストセラー作家の橘玲さんが『言ってはいけない』で、行動遺伝学を大々的に世間に広めてくれた。出版当時、書店や電車内の広告で何十万部のベストセラーとして派手派手しく宣伝しているのを遠目で眺めながら、いったい何が起こっているのか、これをどう理解したらいいのか、よくわからない奇妙な違和を感じさせられたことを、今でも覚えている。そもそも「行動遺伝学の知見は言ってはいけないことなんだぞ、だけどそれこそ暴露しなければいけない真理なんだぞ」という表現姿勢に偽悪性を感じたし、それが橘さんの芸風をもってするとここまでインパクトをもって世間にアピールできることが、自分が日頃取り組んでいる学問姿勢とあまりに相容れなくて、当惑しつづけた。

行動遺伝学が明らかにしてきたことは、確かに知能や学力や収入に遺伝の影響が大きいというタブー性を持つものもあるが、もっともっとずっと豊かな知見、社会のダイナミズムを理解するうえで重要な知見がたくさんあり（それをこれまでも紹介してきたつもりだ）、橘さんのストーリーだけで行動遺伝学を理解してもらっては困ると思って、SB新書から『日本人の9割が知らない遺伝の真実』を出させていただいた（ベストセラーへの便乗でもあったわけだが）。またその頃に一度、まだ当惑の気持ちを持ちながら、橘さんと雑誌で対談させてもいただいた。

実のところ「橘玲」の名前は、その名前こそよく目にしていたものの、私が苦手で無関心とするお金儲けの話や、人の心を逆なでするようなタイトルの本ばかり出す人という先入観で、申し訳ないが手に取って読んだことがなかったのだ。しかし『言ってはいけない』のおかげで、いやでも読まねばならなくなった。そして驚いたことに、そのセンセーショナルな筆致にもかかわらず、私の書いたものや行動遺伝学のオリジナルな研究を実に正確に深く理解し、そのうえで持論を展開していることがよくわかった。正直に言って、私の授業で懇切丁寧な行動遺伝学の講義を聞いていたはずの（笑）学生はおろか、学界の同業者や隣接領域の研究者でも、ここまでしっかりと読み込んで、そのメッセージを真正面から受け止め、その意義を理解してくれている人に出会ったことがなかった。

しかもここが重要なことだが、橘さんの偽悪的芸風の裏には、私たちの社会が抱える矛盾、不条理、偽善性に対する怒りや苦悩の叫びがあり、苦しむ人たちを何とかして救いたいという深い人間愛すら、その行間に感じられた。それでいつか橘さんと、再度お話をする機会を持てたらいいと思っていた矢先に、NHK出版からこの対談の企画を持ちかけていただき、二つ返事でお引き受けさせていただいたのである。

「偽悪的芸風の行間に垣間見られる愛」と私が表現したことを、ひょっとしたら橘さんは不本意と思われるかもしれない。そもそも本書で繰り広げた遺伝と人間に関するテーマは、そんなお花畑で締めくくっていいものではない。私はあくまでも遺伝を良きものとして、少なくともみんなが思うほど悪いものでも忌み嫌われるべきものでもないのだという、たぶんこれ自体これまでほとんどそのようにとらえられたことのなかった「新しい遺伝観」を模索しようとしている。

それは行動遺伝学の科学的知見を根拠としているが、そこには科学を超えた脚色が施されていることを否定しない。それはもともと悪の学問だった優生学と同根の行動遺伝学を、社会的に許容され、市民権のあるものとして発表するためにどうしても必要な姿勢であった。言ってみれば、この偽善的とも受け取られるような姿勢が私の芸風なのだ。しかしそれで優生学が象徴する闇の側面が帳消しになるわけではない。それがわかっていて、私はあくまでも光の部分を探し求めようとしている。

それに対して橘さんはあくまでも闇の部分を見つめ続けようとしてくれている。この遺伝を取り巻く闇と光の構図こそが本書の追求しようとするテーマの本質であり、それを橘さんはあくまでもデモーニッシュに、それに対して私はアポロン的に描こうとしているのである。そのいずれもが重要であり、今日的な意味でも、生命科学によって直面させられる社会的問題の根幹を照射する視点だと思う。

橘さんがそのデモーニッシュな芸風にもかかわらず、いやそのスタイルだからこそ、多くの支持者を得ているのに対して、私の本に対しては、ネットの書評や感想で「言いたいことがあるならはっきり言え」「結局言葉遊びでごまかされた感じ」、さらには「期待外れだった、橘さんの本で十分」というような批判コメントが混じっていて、苦笑している。

もちろん深く理解し共感してくださる読者、私の本から何かをインスパイアされたと思われる読者コメントも少なくない。さらに橘さんに対してにせよ私に対してにせよ、行動遺伝学自体に疑いの目を向け、遺伝を論ずることに断固として拒否反応を示す論客も依然として存在する。行動遺伝学者の私は、ここにも読み手の遺伝的多様性が表れていると面白がってしまうのは職業病か。

それでいいのだと思う。本書で繰り広げられた対話によって、その多様性が健全に社会の中で生まれ、それぞれの見解を表明し、それぞれに考えて行動し続けるきっかけとなれば、本書を世に出す十分な存在意義となるだろう。

対談を持ちかけていただき、その素顔と対話させていただく機会を作ってくださった橘玲氏、そしてその場を作って編集の労を取ってくださったＮＨＫ出版の山北健司氏に心よりお礼を申し上げます。

安藤　寿康

注

1 安藤寿康『「心は遺伝する」とどうして言えるのか――ふたご研究のロジックとその先へ』創元社、2017年
2 安藤寿康『能力はどのように遺伝するのか――「生まれつき」と「努力」のあいだ』ブルーバックス、2023年
3 GeneLife（https://www.genelife.jp/）
4 エレーヌ・フォックス『脳科学は人格を変えられるか？』森内薫訳、文春文庫、2017年
5 ダニエル・Z・リーバーマン、マイケル・E・ロング『もっと！――愛と創造、支配と進歩をもたらすドーパミンの最新脳科学』梅田智世訳、インターシフト、2020年
6 Green Chord（https://www.greenchord.jp/）
7 Robert Plomin(2019) *Blueprint: How DNA Makes Us Who We Are*, MIT Press
8 Kathryn Paige Harden(2021) *The Genetic Lottery: Why DNA Matters for Social Equality*, Princeton University Press
9 今井むつみ他『算数文章題が解けない子どもたち――ことば・思考の力と学力不振』岩波書店、2022年
10 Tinca J C Polderman et al.(2015)Meta-analysis of the heritability of human traits based on fifty years of twin studies, *naturegenetics*
11 スティーヴン・J・グールド『人間の測りまちがい――差別の科学史（上・下）』鈴木善次／森脇靖子訳、河出文庫、2008年

12 藤井直敬『つながる脳』NTT出版、2009年
13 宮口幸治『ケーキの切れない非行少年たち』新潮新書、2019年
14 鈴木大介『最貧困女子』幻冬舎新書、2014年
15 ジョン・ボウルビィ『ボウルビィ　母と子のアタッチメント――心の安全基地』二木武監訳、医歯薬出版、1993年
16 ケリー・L・ジャン『精神疾患の行動遺伝学――何が遺伝するのか』安藤寿康／大野裕監訳、有斐閣、2007年
17 Zwie et al. (2020) Uncovering the complex genetics of human character. *Molecular Psychiatry*, 25:2295–2312
18 Paul Costa, Antonio Terracciano and Robert R. McCrae (2001) Gender Differences in Personality Traits Across Cultures: Robust and Surprising Findings, *Journal of Personality and Social Psychology*
19 Gijsbert Stoe and David C. Geary (2012) Can Stereotype Threat Explain the Gender Gap in Mathematics Performance and Achievement? *Review of General Psychology*
20 養老孟司・安藤寿康「脳の見方、モノの見方（3）似てる？　似てない？　双子と遺伝」『日経サイエンス』1997年7月号
21 Hart, S.A., Petrill,S.A., Deater-Deckard, K., & Thompson, L.A. (2007) SES and CHAOS as environmental mediators of cognitive ability: A longitudinal genetic analysis. *Intelligence*, 35(3), 233–242.
22 chulz, W, Schunck, R, Diewald, M & Johnson, W(2017) 'Pathways of intergenerational transmission of advantages during adolescence: Social background, cognitive ability, and educational attainment', *Journal of Youth and Adolescence*, vol. 46, pp. 2194-2214. https://doi.org/10.1007/s10964-017-0718-0.

23 Belsky, D. W. et al. (2018) Genetic analysis of social-class mobility in five longitudinal studies. *The Proceedings of the National Academy of Sciences USA*, 115, E7275–E7284.
24 https://www.blog.crn.or.jp/report/02/291.html
25 デール・ブレデセン『アルツハイマー病 真実と終焉――〝認知症１１５０万人〟時代の革命的治療プログラム』白澤卓二監修、山口茜訳、ソシム、２０１８年
26 桜井信一『下剋上受験――両親は中卒 それでも娘は最難関中学を目指した！』産経新聞出版、２０１４年
27 S. Chess, A. Thomas, H. G. Birch, M. Hertzig(1960)Implications of a longitudinal study of child development for child psychiatry, *The American Journal of Psychiatry*
28 小塩真司『性格とは何か――より良く生きるための心理学』中公新書、２０２０年
29 Keiko K Fujisawa 1, Shinji Yamagata, Koken Ozaki, Juko Ando (2012) Hyperactivity/inattention problems moderate environmental but not genetic mediation between negative parenting and conduct problems, *Journal of Abnormal Chile Psychology*
30 ジュディス・リッチ・ハリス『子育ての大誤解――子どもの性格を決定するものは何か』石田理恵訳、早川書房、２０００年
31 マシュー・O・ジャクソン『ヒューマン・ネットワーク――人づきあいの経済学』依田光江訳、早川書房、２０２０年
32 “Three Identical Strangers” アマゾンプライムで視聴可能。
33 ジェレミー・ベイレンソン『VRは脳をどう変えるか？――仮想現実の心理学』倉田幸信訳、文藝春秋、２０１８年
34 Yamagata, Shinji; Suzuki, Atsunobu; Ando, Juko; Ono, Yutaka; Kijima, Nobuhiko; Yoshimura, Kimio;

Ostendorf, Fritz; Angleitner, Alois; Riemann, Rainer; Spinath, Frank M.; Livesley, W. John; Jang, Kerry L. (2006) Is the genetic structure of human personality universal? A cross-cultural twin study from North America, Europe, and Asia. *Journal of Personality and Social Psychology*, 90, 6, 987-998. doi: 10.1037/0022-3514.90.6.987

35 橘玲『スピリチュアルズ 「わたし」の謎』幻冬舎、2021年

36 サイモン・バロン＝コーエン『ザ・パターン・シーカー――自閉症がいかに人類の発明を促したか』篠田里佐訳、化学同人、2022年

37 リチャード・E・ニスベット『木を見る西洋人 森を見る東洋人――思考の違いはいかにして生まれるか』村本由紀子訳、ダイヤモンド社、2004年

38 リチャード・E・ニスベット『頭のでき――決めるのは遺伝か、環境か』水谷淳訳、ダイヤモンド社、2010年

39 ジェフリー・ミラー『消費資本主義！――見せびらかしの進化心理学』片岡宏仁訳、勁草書房、2017年

40 ダニエル・ネトル『パーソナリティを科学する――特性5因子であなたがわかる』竹内和世訳、白揚社、2009年

41 Heaven,P.,Ciarrochi, J. and Leeson P. (2011) Cognitive ability, right-wing authoritarianism, and social dominance orientation,: A five-year longitudinal study amongst adolescents. *Intelligence*

42 サイモン・バロン＝コーエン『自閉症とマインド・ブラインドネス』長野敬／長畑正道／今野義孝訳、青土社、2002年

43 アンジェラ・サイニー『科学の女性差別とたたかう――脳科学から人類の進化史まで』東郷えりか訳、作品社、2019年

44 Ed Diener, Brian Wolsic and Frank Fujita(1995)Physical Attractiveness and Subjective Weil-Being, *Journal of Personality and Social Psychology*
45 クリスチャン・ラダー『ハーバード数学科のデータサイエンティストが明かす ビッグデータの残酷な現実――ネットの密かな行動から、私たちの何がわかってしまったのか？』矢羽野薫訳、ダイヤモンド社、２０１６年
46 スーザン・ケイン『内向型人間の時代――社会を変える静かな人の力』古草秀子訳、講談社、２０１３年
47 ウォルター・ミシェル『マシュマロ・テスト――成功する子・しない子』柴田裕之訳、ハヤカワＮＦ文庫、２０１７年
48 Friedman, N.P., Miyake, A., Robinson, J.L. & Hewitt, J.K. (2011) Developmental trajectories in toddlers' self-restraint predict individual differences in executive functions 14 years later: A behavioral genetic analysis. *Developmental Psychology*, 47(5), 1410-1430
49 Kautz, T., Heck,am, J.J., Dris, R., Weel, B., & Borghens, L. (2014) Fostering and measuring skills: Improving cognitive and non-cognitive skills to promote lifetime success. *OECD Educational Workin Paper*, no.110
50 Lisa T. Eyler, et al. (2011) Genetic and Environmental Contributions to Regional Cortical Surface Area in Humans: A Magnetic Resonance Imaging Twin Study, *Cereb Cortex.*
51 阿部彩、國枝繁樹、鈴木亘、林正義『生活保護の経済分析』東京大学出版会、２００８年
52 宮口幸治『どうしても頑張れない人たち――ケーキの切れない非行少年たち２』新潮新書、２０２１年
53 橘玲・宮口幸治「本当に遺伝で人生が決まるのか？『頑張れない子どもたち』を救うには」『文藝春秋オピニオン２０２２年の論点１００』２０２１年

54 ジェームズ・J・ヘックマン『幼児教育の経済学』古草秀子訳、東洋経済新報社、2015年

55 ダニエル・ネトル、前掲書

56 稲垣栄洋『生物に学ぶ敗者の進化論』PHP文庫、2022年

57 ジュディス・リッチ・ハリス『子育ての大誤解――重要なのは親じゃない（新版）上・下』石田理恵訳、ハヤカワNF文庫、2017年

58 リーナス・トーバルズ、デビッド・ダイヤモンド『それがぼくには楽しかったから――全世界を巻き込んだリナックス革命の真実』風見潤訳、中島洋監修、小学館プロダクション、2001年

59 ネイト・シルバー『シグナル&ノイズ――天才データアナリストの「予測学」』川添節子訳、日経BP社、2013年

60 マイケル・サンデル『実力も運のうち――能力主義は正義か？』鬼澤忍訳、早川書房、2021年

61 ジョン・ロールズ『正義論』改訂版、川本隆史／福間聡／神島裕子訳、紀伊國屋書店、2010年

62 日本では「26世紀青年」のタイトルでDVD発売され、Amazonプライムビデオでも視聴可能。

63 エドワード・ダットン、マイケル・A・ウドリー・オブ・メニー『知能低下の人類史――忍び寄る現代文明クライシス』蔵研也訳、春秋社、2021年

64 ユヴァル・ノア・ハラリ『ホモ・デウス――テクノロジーとサピエンスの未来（上・下）』柴田裕之訳、河出文庫、2022年

65 ベルトラン・ジョルダン『人種は存在しない――人種問題と遺伝学』山本敏充監修、林昌宏訳、中央公論新社、2013年

66 ロビン・ディアンジェロ『ホワイト・フラジリティ――私たちはなぜレイシズムに向き合えないのか？』貴堂嘉之監訳、上田勢子訳、明石書店、2021年

67 J・フィリップ・ラシュトン『人種 進化 行動』蔵琢也／蔵研也訳、博品社、1996年
68 ジョナサン・ローチ『表現の自由を脅すもの』飯坂良明訳、角川選書、1996年
69 橘玲、篠田謙一「ホモ・サピエンスが繁栄し、ネアンデルタール人が絶滅した『意外な理由』」（対談）、Diamond Online、2022年7月25日
70 デイヴィッド・ライク『交雑する人類――古代DNAが解き明かす新サピエンス史』日向やよい訳、NHK出版、2018年
71 Davies NM, Dickson M, Davey Smith G, Windmeijer F, van den Berg GJ. (2023) The causal effects of education on adult health, mortality and income: evidence from Mendelian randomization and the raising of the school leaving age. *The International Journal of Epidemiology*. Jul 18:dyad104. doi: 10.1093/ije/dyad104.
72 エイドリアン・レイン『暴力の解剖学――神経犯罪学への招待』高橋洋訳、紀伊國屋書店、2015年
73 ジェフリー・ケイン『AI監獄ウイグル』濱野大道訳、新潮社、2022年
74 梶谷懐、高口康太『幸福な監視国家・中国』NHK出版新書、2019年
75 エイドリアン・レイン、前掲書
76 ダルトン・コンリー、ジェイソン・フレッチャー『ゲノムで社会の謎を解く――教育・所得格差から人種問題、国家の盛衰まで』松浦俊輔訳、作品社、2018年

橘 玲 たちばな・あきら

1959年生まれ。作家。2002年、金融小説『マネーロンダリング』でデビュー。同年、『お金持ちになれる黄金の羽根の拾い方』が30万部超のベストセラーに。『永遠の旅行者』は第19回山本周五郎賞候補となり、『言ってはいけない――残酷すぎる真実』で2017新書大賞を受賞。著書多数。

安藤寿康 あんどう・じゅこう

1958年生まれ。慶應義塾大学名誉教授。慶應義塾大学文学部卒業後、同大学大学院社会学研究科博士課程単位取得退学。博士（教育学）。専門は行動遺伝学、教育心理学、進化教育学。『能力はどのように遺伝するのか』『教育は遺伝に勝てるか？』『「心は遺伝する」とどうして言えるのか』など、著書多数。

NHK出版新書 710

運は遺伝する
行動遺伝学が教える「成功法則」

2023年11月10日 第1刷発行

著者 橘 玲 安藤寿康

発行者 松本浩司

発行所 NHK出版
〒150-0042 東京都渋谷区宇田川町10-3
電話 (0570) 009-321（問い合わせ） (0570) 000-321（注文）
https://www.nhk-book.co.jp （ホームページ）

ブックデザイン albireo

印刷 新藤慶昌堂・近代美術

製本 藤田製本

Printed in Japan ISBN978-4-14-088710-3 C0245